“四品一械”安全监管实务丛书

保健食品安全监管实务

主　编　汪　杨

中国医药科技出版社

内容提要

本书为“四品一械”安全监管实务丛书之一。全书分为基本知识篇、监管实务篇、重点法规解读篇3篇，包括保健食品及其生产经营的概述，保健食品的安全风险监测和监管法规体系，保健食品的原料和注册与备案的管理，对生产经营企业和广告的监督管理等相关内容。本书旨在为食品药品监管部门及相关人员履行保健食品安全监管职能提供系统性参考。全书内容详尽系统、实用性强，可推进依法行政、规范执法，提升监管水平。

图书在版编目（CIP）数据

保健食品安全监管实务 / 汪杨主编 . —北京 : 中国医药科技出版社，2017.6
（“四品一械”安全监管实务丛书）
ISBN 978-7-5067-9291-2
Ⅰ. ①保… Ⅱ. ①汪… Ⅲ. ①疗效食品—安全管理—中国 Ⅳ. ① TS218
中国版本图书馆 CIP 数据核字（2017）第 091565 号

美术编辑 陈君杞
版式设计 也 在

出版 中国医药科技出版社
地址 北京市海淀区文慧园北路甲 22 号
邮编 100082
电话 发行：010-62227427 邮购：010-62236938
网址 www.cmstp.com
规格 710 × 1000mm $^1/_{16}$
印张 10 $^3/_4$
字数 166 千字
版次 2017 年 6 月第 1 版
印次 2017 年 6 月第 1 次印刷
印刷 三河市国英印务有限公司
经销 全国各地新华书店
书号 ISBN 978-7-5067-9291-2
定价 25.00 元

编 委 会

主　编　汪　杨

副主编　朱　薇　何开勇

编　委（以姓氏笔画为序）

王　嫣　朱　薇　刘晓锋　何开勇

邹　瑞　汪　杨　陶梅平

前　言

我国保健食品产业兴起于 20 世纪 80 年代，在 80 年代中后期迅速发展，并且日益形成了一个新兴产业。中国保健食品市场经过多年快速发展，已经逐渐壮大。进入 21 世纪以来，随着人民生活水平的提高和人口老龄化的加剧，人们更加注重自身健康，健康理念也随时代在逐渐转变，对保健食品的需求逐年不断增长。此外，随着经济的发展，国家也更重视改善人民营养的工作，建设“健康中国”已上升为国家战略，保健食品市场迎来了一个飞速发展的契机。保健食品行业产值平均年增长率为 10%~15%，销售收入和市场规模增长同样迅速。

目前，我国保健食品市场一方面呈现持续蓬勃发展的态势，另一方面也呈现出乱象丛生的局面，概而言之，主要有以下特点：一是企业数量多、生产规模小；二是产品重复多、科技含量低；三是假冒伪劣保健食品若隐若现、虚假广告狂轰滥炸、消费者跟随成风；四是从业人员素质低凝聚力不强。2013 年国家多部委联合开展的保健食品“打四非”专项行动进一步暴露了保健食品生产经营中的各类违法违规行为，对我国的保健食品的监管提出了更高的要求。

保健食品产业是在我国市场经济繁荣发展的大背景下壮大的，而保健食品监督管理的法律法规和制度则是在保健食品产业发展的促进下建立和逐步完善的。2015 年实施的“史上最严”《中华人民共和国食品安全法》加强了对保健食品的严格管理，明确了保健食品的申报采用注册和备案“双轨制”管理。不仅国家食品药品监督管理总局正在大力推进保健食品监管立法工作，各地也一直在着力建立与保健食品安全监管需求相匹配的监管能力。为加强保健食品监管人员能力建设，加大教育培训工作力度，提高业务素质和行政执法能力，适应保健食品安全监管需要，编写一本适用于系统内保健食品监管人员的工作用书非常重要和必要。

本书分为上、中、下三篇。上篇为基础知识，主要包括保健食品概论、保健食品生产经营概况、保健食品安全风险监测等；中篇为监管实务，主要包括保健食品的监管法规体系介绍、注册与备案管理、原料管理、生产企业监管、经营企业监管和广告监管等；下篇为重点法规解读，包括2015年修订的《中华人民共和国食品安全法》和《保健食品注册与备案管理办法》的解读。本书作为保健食品监管业务用书，从保健食品的基础知识讲起，将法律法规同基础知识相结合，以保健食品监管的各个环节为线索，对相关的最新法律法规及监管重点进行了详细介绍，同时结合实例对部分重点法规进行详细解读，力争做到内容丰富、通俗易懂、深入浅出、实用性强。

本书包含的有关法律法规、规程规范及标准，均为国家和行业最新颁布，对于取消的相关规定和监管权限变更等问题均作出了说明，避免收录国家明令禁止使用和淘汰的工艺、材料、设备等。全书做到准确使用法定计量单位，名词、术语使用规范。

在编写过程中，编者参考了大量的文献资料，采纳了一些案例资料，在此向文献资料的作者表示真诚的谢意！同时，由于编写时间紧，编写人员专业水平和实践经验有限，难免存在对编写内容考虑不够全面，目录编排不够科学的问题，希望广大读者提出宝贵意见。

编　者

2017年1月

目录

基本知识篇 / 1

基本知识篇

第一章　保健食品概论

第一节　保健食品基本知识

一、保健食品的概念

（一）基本概念

保健食品，是指声称具有特定保健功能或者以补充维生素、矿物质为目的的食品。即适宜于特定人群食用，具有调节机体功能，不以治疗疾病为目的，并且对人体不产生任何急性、亚急性或者慢性危害的食品。保健食品是食品的一个特殊种类，介于其他食品和药品之间。

（二）保健食品与食品的区别

2015 年修订的《中华人民共和国食品安全法》（以下简称新《食品安全法》）中将食品定义为，指各种供人食用或者饮用的成品和原料以及按照传统既是食品又是中药材的物品，但是不包括以治疗为目的的物品。

保健食品与其他食品的主要区别如下。

（1）保健食品强调具有特定保健功能，而其他食品强调提供营养成分。

（2）保健食品具有规定的食用量，而其他食品一般没有服用量的要求。

（3）保健食品根据其保健功能的不同，具有特定适宜人群和不适宜人群，而其他食品一般不进行区分。

（三）保健食品与药品的区别

《中华人民共和国药品管理法》中将药品定义为：指用于预防、治疗、诊断人的疾病，有目的地调节人的生理机能并规定有适应症或者功能主治、用法和用量的物质，包括中药材、中药饮片、中成药、化学原料药及其制剂、抗生素、生化药品、放射性药品、血清、疫苗、血液制品和诊断药品等。

保健食品与药品的主要区别如下。

（1）使用目的不同：保健食品是用于调节机体机能，提高人体抵御疾病的能力，改善亚健康状态，降低疾病发生的风险，不以预防、治疗疾病为目的。药品是指用于预防、治疗、诊断人的疾病，有目的地调节人的生理机能并规定有适应症或者功能主治、用法和用量的物质。

（2）保健食品按照规定的食用量食用，不能给人体带来任何急性、亚急性和慢性危害。药品可以有毒副作用。

（3）使用方法不同：保健食品仅口服使用，药品可以注射、涂抹等方法。

（4）可以使用的原料种类不同：有毒有害物质不得作为保健食品原料。

（四）保健食品的基本要求

保健食品有两个基本特征，一为安全性，二为功能性。保健食品是供消费者直接食用的终端产品，新《食品安全法》要求保健食品首先是安全，不得对人体产生任何危害，包括急性、亚急性或者慢性危害；其次，保健食品具有特定保健功能，应用于特定人群，对机体功能具有一定调节作用，但不能治疗疾病，不能取代药物对病人的治疗作用。由于保健食品是消费者通过自由选择而获取的，其营销过程中，对其功效信息的传播不得涉及疾病的预防和治疗作用，内容必须真实，应当载明适宜人群、不适宜人群、功效成分或者标志性成分及其含量等；产品的功能和成分必须与标签、说明书相一致。

二、保健食品的分类

根据世界卫生组织的分类有四大类。

1. 营养型

比如蜂王浆、维生素、花粉、葡萄糖等。这类产品对人体有营养补充作用，它们只为增加营养所需，从日常饮食中可以摄取，但并没有确切的功效。

2. 强化型

比如钙、铁、锌、硒等微量元素。对身体缺什么补什么，但不能防止流失，过度服用对身体有害。其特点是：补了以后明显见效，症状改善。但如果一段时间不吃它了，又回到原来的状态，不能根本地解决问题。

3. 功能型

比如深海鱼油、甲壳素、卵磷脂等。对身体某个器官有调理的作用。它针对我们身体内的某个器官进行调节，但也有缺点，就是它功能单一，过度服用有依赖性。如深海鱼油，它有软化血管的功能，可降血压，但它解决不了血管中脂肪、胆固醇、自由基堆积过多的问题，所以高血压患者不能完全依赖它。

4. 机能因子型

主要为食用菌、番茄红素、茶多酚等。这类保健食品多数由天然生物所提取，并制成复方制品，具有高提纯度，拥有前三者的所有功能，对身体的各个器官都有保健作用。

三、保健食品的功能

保健食品具有特定的保健功能，这些功能的设立也是政府注册与备案管理的一部分内容。

（一）保健功能的设立

保健功能的设立有以下几方面的考虑。

（1）以中国传统养生保健理论和现代医学理论为指导，以满足群众保健需求、增进人体健康为目的。

（2）功能定位于调节机体功能，降低疾病发生的风险，针对特定人群，不以治疗疾病为目的。

（3）功能声称应被科学界所公认，具有科学性、适用性、针对性，功能名称应科学、准确、易懂，并且得到社会的认可。

（4）功能评价方法和判定标准应科学、公认、可行。

（二）保健食品功能目录

目前已发布的《保健食品保健功能目录与原料目录管理办法（征求意见稿）》中规定：保健功能目录是指经系统评价和验证，具有明确的评价方法和判定标准的允许保健食品声称的保健功能信息列表。保健功能目录包括保健功能名称及说明等内容。保健食品声称的保健功能，应当严格按照保健食品功能目录的表述进行标识，不得随意增减词语，不得随意组合。

纳入保健功能目录的功能应当符合以下要求。

（1）以调节机体功能、改善机体健康状态或者降低疾病发生风险为目的，不得涉及疾病的预防、治疗、诊断作用。

（2）具有充足的科学依据，科学、严谨，能够被正确理解和认知；

（3）具有科学的评价方法和判定标准；

（4）具有明确的适宜人群和不适宜人群；

（5）具有适用较为广泛人群的特定保健需求；

（6）以传统养生保健理论为指导的保健功能，符合传统中医药理论。

具有以下情形之一的词语，不得用于保健功能名称。

（1）明示、暗示疾病预防、治疗、诊断作用或者易混淆的；

（2）虚假、夸大或者绝对化的；

（3）庸俗或者带有封建迷信色彩的；

（4）消费者不易理解的；

（5）其他有可能误导消费者的。

（三）功能分类

根据《保健食品检验与评价技术规范（2003年版）》规定，保健食品可申报的功能从之前的22种调整为27种，目前我国实行注册与备案管理的特定保健功能有27项，包括：（1）增强免疫力，（2）辅助降血脂，（3）辅助降血糖，（4）抗氧化，（5）辅助改善记忆，（6）缓解视疲劳，（7）促进排铅，（8）清咽，（9）辅助降血压，（10）改善睡眠，（11）促进泌乳，（12）缓解体力疲劳，（13）提高缺氧耐受力，（14）对辐射危害有辅助保护功能，（15）减肥，（16）改善生长发育，（17）增加骨密度，（18）改善营养性贫血，（19）对化学性肝损伤有辅助保护，（20）祛痤疮，（21）祛黄褐斑，（22）改善皮肤水分，（23）改善皮肤油分，（24）调节肠道菌群，（25）促进消化，（26）通便，（27）对胃黏膜损伤有辅助保护功能。

另外一类注册与备案管理的营养素补充剂，不具有保健食品所指的特定保健功能，仅具有为弥补膳食摄入不足的补充维生素、矿物质的作用。

第二节　保健食品监管的发展概况

一、我国保健食品监管的发展概况

我国保健食品产业兴起于20世纪80年代，保健食品产业是在我国市场经济繁荣发展的大背景下壮大的，而保健食品监督管理的法律法规和制度则是在保健食品产业发展的促进下建立和逐步完善的。保健类产品的出现体现了市场放开以后商品经济的发展，也反映了消费者的巨大需求。随着经济的发展，国家也更重视改善人民营养的工作。1993 年国务院发布的《九十年代中国食物结构改革与发展纲要》中指出："要重点发展'营养、保健、益智、延衰'的妇幼食品、学生食品、老人食品、保健食品……"保健类产品的大量出现，在营销过程中直接或间接宣称保健甚至治疗功效，凸现出政府监管的盲区，从而推动了国家有关保健食品立法和监管制度的出台和后续的发展，这一过程大致可以分为四个阶段。

（一）第一阶段：聚焦于食用安全的初期监管

这一阶段始于 20 世纪 70 年代末中国的改革开放至 1995 年《中华人民共和国食品卫生法》实施，与当时的经济改革类似，对于保健类食品的监管也处于一个探索的过程中。

1982 年,《中华人民共和国食品卫生法（试行）》由全国人大通过，该法第八条规定："食品不得加入药物"，强调政府监管的重点是保证食品无毒无害，不得加入药物以避免药物的不良反应。

1987 年 8 月 18 日，原卫生部发布《食品新资源卫生管理办法》，目的在于保证新进入市场的食品及其他有关产品的食用安全。

1987 年 10 月 22 日，原卫生部发布《禁止食品加药卫生管理办法》，规定禁止在包装、标签、说明书或广告上标注"疗效食品""保健食品""强壮食品""补品""营养滋补食品"或类似词句，严格限制了暗示食品功效的声称。

1987 年 10 月 28 日，原卫生部发布《中药保健药品的管理规定》，授权各省级卫生行政部门可以审批"卫药健字"中药保健药品。

由此，构建了食品和药物分类管理的基本框架，将任何与健康有关的声称均归入药品管理，食品管理主要放在保证食用安全性上。

但是，这一有关食品健康声称管理的缺位，不能有效地限制各种食品的功效宣传，也无助于引导消费者正确选择健康的食品。因此，在社会有关方面推动下，保健食品的许可制度随着《中华人民共和国食品卫生法（试行）》的修订开始筹划。

（二）第二阶段：安全为本和功能为辅的产品监管

这一阶段覆盖从 1995 年《中华人民共和国食品卫生法》实施到 2009 年《中

华人民共和国食品安全法》(以下简称《食品安全法》)取而代之的14年，经历了保健食品监管制度建立和完善的过程。

1995年,《中华人民共和国食品卫生法》发布，规定保健食品为“表明具有特定保健功能的食品，其产品及说明书必须报国务院卫生行政部门审查批准”，由此确定了保健食品的法律地位和监管原则。

1996年原卫生部的《保健食品管理办法》发布实施，同时配套发布了一系列管理办法、审批程序、检验方法、技术规定、卫生标准等规范性文件和技术要求。2003年按照国务院的安排，原卫生部停止保健食品的审批，移交给了新组建的原国家食品药品监督管理局。

保健食品许可制度建立之初，保健功能的名称和内容及其管理经历了一个发展过程。历年法定保健功能的分类变化如表1-1。

表1-1　历年法定保健功能

年份	1996	1997	2000	2003	2005
功能项目数	12	24	22	27	27+允许申报新功能

随着保健食品审批制度的健全，原卫生部于2003年重新调整功能名称用语，弱化了功能作用，还将皮肤和胃肠道有关的保健功能分别列出。同期，原卫生部从2002年起分3批共撤销了1959种中药保健药品的批准文号，加上随后的药品注册管理办法的修订，把保健功效产品的主要上市渠道限制在了保健食品上，也促使很多制药企业转向了保健食品，影响了其后、直至今天保健食品的发展走向。

保健食品管理的基本出发点是保证安全，然而保健食品在市场上的卖点在于保健功效，而这种功效的认定又常常受到科学认识上的局限，还时常被夸大误导，因此在保健食品监管制度的建立和完善过程中，始终伴随着社会上对保健食品功效的质疑和批评。

随着保健食品产业的快速发展，市场上的产品不断出现良莠不齐的现象，甚至有不少套号、冒充的伪劣产品，招致社会上对保健食品监管体制的各种批评，市场上存在的乱象被部分归因于“重审批、轻监管”。

上市前的许可和上市后的监管是一个整体，密切相关，保健食品的立法中，对两者均作为制度设计的重点。但同我国许多产品管理中存在的情况类似，两者在实施中的衔接始终有差距。

在保健食品审批制度建立的同时，原国家工商行政管理局就针对此前混乱的市场提出了《保健食品市场整治工作方案》，规范同类产品的生产经营。原卫生部随后对于生产和经营也配套出台了有关国家标准，明确了保健食品产品质量控制的技术法规，强化了保健食品的生产管理。作为市场监管主体之一的原卫生部，每年都有市场的抽检，多次查处撤销违规的保健食品批准证书。

2003 年以后，保健食品的监管分设在国务院的几个部门，原国家食品药品监督管理局负责产品注册；国家质量监督检验检疫总局负责生产环节的管理，企业在取得生产许可证的同时，还要接受卫生行政部门的监督检查，获得卫生许可证；工商和卫生行政部门同时负责市场的监督，增加了监管中衔接的难度。

2005 年国务院颁布了《直销管理条例》，这个法规规范了保健食品的店铺外销售模式。由此，在市场层面进行大量广告宣传等媒体促销的销售方式逐渐式微，而直销、会议销售以及专营店销售等方式成为主流，为市场的监管提出了新的挑战。

（三）第三阶段：食品安全重压形势下的严格监管

2009 年 6 月 1 日，《食品安全法》正式实施，是这一阶段开始的标志。《食品安全法》对声称具有特定保健功能的食品实行严格监管的要求，建立健全保健食品的监管体系无疑成为这一阶段监管工作的必然选择。在随后的政府机构改革中，经国务院批准，原国家食品药品监督管理局作为对保健食品实施安全性监管的主要责任部门。

在行政许可环节，原国家食品药品监督管理局强化了被批准产品的质量保障措施，颁发保健食品证书的同时随附产品质量技术要求。为了加强注册和技术审评工作，原国家食品药品监督管理局发布了进一步加强保健食品注册有关的一系列规定，以提高技术审评的公开、公正和公平性。

原国家食品药品监督管理局接手保健食品生产经营的监管以后，应对监管工作中暴露出来的原料安全隐患，在注册、原料标准和生产的监督几个环节采取了措施，对一些原料的审批增加了要求，加速制定一些提取物原料的标准，同时对一些出现了问题的原料采取了措施。

近年来，食品安全问题已经成为社会关注的焦点，不够客观和科学的媒体信息严重误导了消费者，加上一些食品安全事件的推波助澜，公众对于食品安全严重不信任，处于一种焦虑和恐慌的情绪之中。在这样一种形势之下，保健食品的安全自然而然地成为政府监管的重点。无疑，安全问题始终是保健食品监管制度设计的首要问题，但是同时，保健食品还承受着来自社会的另一重大压力——对其功效的严重质疑，这成为第三阶段保健食品监管体系改革面临的又一大挑战。

为此原国家食品药品监督管理局开始着手调整功能的范围，修订功能评价方法。其中的一个不同之处是将中国传统养生保健理论被放在了功能设置的范围之内，反映了目前社会的需要和对保健功能认识的进步。而对现有功能，则考虑调整缩小范围、进一步弱化功效的描述。为了提高功能设置的科学性，鼓励以传统中医药养生保健理论为指导的新功能产品的研发。

（四）第四阶段：简政放权的全过程监管

2015 年 10 月 1 日，新《食品安全法》正式实施，是这一阶段开始的标志。新《食品安全法》突出对保健食品的严格监管，并从原料、配方、生产工艺、标签、说明书、广告等方面严格把关，严格准入，严格监管。同时，要求生产特殊食品的企业应当按照良好生产规范的要求建立与所生产的食品相适应的生产质量管理体系。提出对保健食品实行注册与备案相结合的分类管理制度，同时还对保健食品的标签、说明书、广告审批制度等进行了补充规定，进一步明确了保健食品的原料使用和功能声称。为贯彻落实新的保健食品市场准入监管工作提出的要求，规范统一保健食品注册备案管理工作，国家食品药品监督管理总局于 2016 年 2 月发布了《保健食品注册与备案管理办法》，并于同年 7 月正式实施。根据新《食品安全法》及《保健食品注册与备案管理办法》等有关规定，国家食品药品监督管理总局于 2016 年 11 月发布并实施了《保健食品注册审评审批工作细则（2016 年版）》。这次保健食品监管模式的重大变革，将事前审批与事后监督更好地结合在一起，更加注重政府的全程监管的理念，以期更好地维护消费者的合法权益。

这一阶段标志着我国的保健食品从单一的注册制转变为国际通用的注册与备案相结合的双轨制模式，政府简政放权，将监管权下放到省级机构，有效缩短了保健食品注册审查的时间，提高了监管效率，能更好地迎合发展迅猛的市场需求，同时对保健食品生产企业和检验机构提出了更高更细的要求。

二、国外保健食品监管的发展概况

与国外同类产品相比较，我国所称保健食品，可以涉及国外管理的草本药物、天然药物、替代医药、膳食或食物补充剂、功能食品等产品。由于各个国家和地区的政治制度、法律体系、历史沿承和文化背景有别，对上述各类产品的管理和政策法规也不完全相同，这里仅概要介绍日本、美国和欧盟等国家和地区对于功能食品和膳食补充剂的管理情况。

（一）国外保健类食品的发展

功能食品的概念最早诞生于日本。20 世纪 80 年代，随着当时经济的发展和人民生活水平的改善，生活方式相关疾病的发病率不断增高，大众对其自身健康的要求也越来越迫切。由于当时缺乏相应的制度对其进行有效管理，从而导致了保健类食品市场的混乱。为了应对这种情况，日本政府开始加大对各种食品及其成分所具有的生理功能的系统研究。1984 年，在文部省开展的研究中，首次定义了功能食品的概念。将具有生理功能的食品定义为功能食品，例如延缓衰老、调节免疫、增进身体机能等作用。

1991 年，日本政府在《营养改善法》中提出了特定保健用食品（Food for Specified Health Uses，FOSHU）的概念，指根据掌握的现有有关食品（或食物成分）与健康关系的知识，预期该食品具有一定的保健功效，并经批准允许在标签声明人体摄入后可产生保健作用的一类食品。

美国 1906 年颁布的《纯净食品与药品法》和 1938 年颁布的《食品、药品与化妆品法》（Fedetal Food, Drug, and Cosmetic Act，简称 FD&CAct）的原始版本均未直接涉及食品的保健功能的健康声称问题。其后几十年间，随着市场上不断出现声称具有保健作用的产品，其健康效益的宣传引起越来越多消费者和科学家们的质疑，促使国会和政府重新考虑有关的立法和管理机制。

1976 年，美国 FDA 在《维生素与矿物质修正案》（也称 Proxmire 修正案）通过后，运用食品添加剂规定间接对膳食补充剂进行控制。膳食补充剂被列属于食品添加剂类，需要经过严格的审查后获得 FDA 的注册才能上市，

1990 年美国国会通过了《营养标签与教育法》（Nutrition Labeling and Education Act，NLEA），对包括膳食补充剂在内的食品标签进行了改革，要求食品标签必须真实标注产品的营养成分和含量。《营养标签与教育法》第一次将草药及类似的营养物质（herbs or similar nutritional substances）包括在膳食补充剂中，但 FDA 仍然坚持严格的上市前审批制度。该法允许食品和膳食补充剂使用健康声称，即允许商家声称其产品所含营养物质与人体的病症相联系，如钙与骨质疏松症、食物纤维与肿瘤、脂肪与心血管疾病、钠与高血压等，并建立了健康

声称的审批程序。《营养标签与教育法》允许FDA对食品和膳食补充剂的健康声称的科学依据进行审查，并禁止任何食品和膳食补充剂使用未经FDA批准的健康声称。

FDA对于健康声称的管理非常严格，对于健康声称的科学依据用“有效科学共识（Significant Scientific Agreement）”的标准进行评价，在没有达到“有效科学共识”标准的证据时，健康声称便被认为是不可靠的。到目前为止，仅有16项降低疾病风险的声称获得批准。这种严格的管理受到工业界的批评，在科学上也存在争议。2003年，美国国会通过修正案，建立了一类限制性健康声称（Qualified Health Claim），在食物成分与疾病风险的关系上允许使用描述不确定性的措辞，从而放宽了一些健康声称许可条件。

为提高国民总体健康水平，减少医药开支，美国国会于1992年提出了《保健自由法》（Health Freedom Act），随之围绕着后续的立法展开了《膳食补充剂健康与教育法》运动。基于膳食补充剂的营养效益对促进健康和预防疾病的重要性以及公众舆论和政治上的强大压力，国会于1994年通过了《膳食补充剂健康与教育法》（Dietary Supplement Health and Education Act，简称DSHEA），旨在为膳食补充剂制定新的监管框架。国会强调，虽然使用膳食补充剂与预防疾病以及减小医疗开支三者之间的必然联系还有待于进一步深入研究，但合理的饮食习惯和使用保健产品对保持良好的健康具有积极意义，应该给公众提供更多的信息和产品以供自由选择。

自《膳食补充剂健康与教育法》颁布以后，美国膳食补充剂制造业蓬勃发展，消费者有了更多的选择，但同时也带来了一系列安全问题。对此，美国政府近年来逐渐加强和完善了膳食补充剂的管理，有关膳食补充剂所含的新成分（New Dietary Ingredient），要求根据1997年颁布的法规进行上市前的备案；在2008年6月开始实施膳食补充剂生产的GMP管理，同时发布了膳食补充剂结构功能声称的证据评价指南，未来还会逐渐加强有关的管理。

在欧盟出台健康声称有关法规之前，各成员国的管理制度差别很大。如何科学地统一管理欧盟各国的食品健康声称和膳食补充剂，跨国的民间组织和学术机构起了很大作用。20世纪90年代，由国际生命科学学会（ILSI）欧洲分部发起的“功能食品项目计划”递交给欧盟委员会（EC）进行讨论，并于1995年成立了欧洲功能食品科学会（FUFOSE）。2002年ILSI欧洲分部出版了《功能食品相关概念》一书，建立了功能食品的操作性定义，从早期生长发育、基础代谢调节、抗氧化、心血管、胃肠、认知和精神表现、体力和体质七个方面阐述某些食品成分在这些领域的潜在功能；该书对健康声称进行了分类，还重点对健康声称的科学证据的要求作了说明。2003 年，ILSI 欧洲分部开始了《食品声称科学证据评价程序》（PASSCLAIM）的科学准备，并在一期会议针对四个主题（饮食与心血管疾病，骨健康与骨质疏松症，体力体质和健康声称概述）对健康与食品之间的关系进行研讨；2004 年，PASSCLAIM 二期会议又针对胰岛素敏感性和糖尿病风险，饮食相关性肿瘤，精神状态和表现，内脏健康和免疫四个方面进研讨；2005 年，PASSCLAIM 三期会议出台了健康声称科学证据评价标准，确保所有的声称都有公认的科学证据才允许使用。这些工作为欧盟的食品健康声称和膳食补充剂的立法提供多方面的支持。

欧盟从 20 世纪 90 年代后期启动了有关健康声称和食物补充剂的立法工作，目前已颁布的法规包括管理食品营养和健康声称的 Regulation（EC）No 1924/2006，管理食物补充剂的 Directive 2002/46/EC，以及管理食品中添加维生素和矿物质的 Regulation（EC）No 1925/2006。

根据上述法规，2011 年 7 月，欧洲食品安全局完成了 2500 余项健康声称申请的审查，仅有 200 余项获得认可，其余大部分声称被否决。

（二）国外保健类食品的分类和定义

对比我国的保健食品，国际上将这类产品通常分为传统食品形式（功能食品）和制剂形式（膳食或食物补充剂）。对于这类产品的管理，美国和欧盟等国均采用两种模式。一种模式是只针对健康声称加以管理；另一种模式是针对制剂形式产品的管理。目前为止，日本是唯一将食品形式的产品单独分类，作为功能食品加以管理的国家，而其他多数国家仅对膳食补充剂单独立法管理。

1991 年颁布的日本《营养改善法》中建立了特定保健用食品（FOSHU）的概念，指包含功能成分、并得到官方批准声称其在人体产生生理功效的食品。使用特定保健用食品的目的是维持或促进健康、也可以用于希望控制血压、血胆固醇等身体健康状况者。近年来，日本又建立了规格基准型营养素补充剂的系统，突破了既往食品形式的限制。

美国《膳食补充剂健康和教育法》（1994）对于膳食补充剂这样限定：一种旨在补充膳食的产品（而非烟草），它可能含有一种或多种膳食成分，包括：维生素、矿物质、草药或其他植物、氨基酸、其他用以增加每日总摄入量来补充膳食的食物成分，或以上成分的浓缩物、代谢产物、成分、提取物或组合成分等。产品形式可为丸剂、胶囊、片剂或液体状，但是不能代替普通食品或作为膳食的唯一品种，并且标识为“膳食补充剂”。获得许可注册的新药、抗生素或生物制剂不得作为膳食补充剂，但在其得到批准、发证、许可前已作为膳食补充剂或食品上市的产品除外。

欧盟在其法规 Directive 2002/46/EC 中，将食物补充剂定义为以补充正常膳食为目的的食品，作为维生素、矿物质或其他具有营养或生理作用物质的浓缩来源，可为单一或复合成分，以胶囊、锭剂、片剂、丸剂等类似形式，袋装粉剂、液体定量小包装制剂、可定量的滴剂或其他类似可定量的小剂量形式上市。

欧盟对于草药另有单独的法规管理，因此其食物补充剂通常不包含很多美国膳食补充剂允许使用的植物来源原料和成分。

加拿大对于膳食补充剂的管理比较特殊，将其归为“天然健康产品”，做为介于食品和药品之间的一类产品。根据《天然健康产品法规》（Natural Health Products Regulations，NHPR），天然健康产品（Natural Health Products，NHPs）的用途定义为：①诊断、治疗、减轻或预防疾病、身体功能紊乱和异常及其相关症状；②恢复、矫正人体器官功能；③调节人体器官功能，如以一种维持或促进健康的方式调节其功能。

根据这一定义，NHPs 主要覆盖包括传统药物、顺势药品、维生素和矿物质、草本膳食补充剂、氨基酸、脂肪酸等，但不包括处方药、皮下注射用药和根据《烟草法》管理的物质或者根据其他立法，如《控制药品和物质法》管理的物质。

（三）国外保健类食品的立法

美国过去所有的食品都按照联邦食品、药品和化妆品法来管理。针对市场上越来越多的功能性食品的产品，为了明确有关开发、生产和经营的管理政策，美国先后颁布了两部立法分别管理营养、结构功能及健康声称和膳食补充剂。

1990 颁布的《营养标签与教育法》（Nutrition Labeling and Education Act，简称 NLEA）规定一般食品及成分均不得声称有特殊功能；有些营养功能在具有充分科学证据和经美国食品和药品管理局（FDA）批准后可以按照相关要求在标签上标示，但不允许声称有预防、诊断或治疗疾病的功效。该法规还要求所有包装食品都带有营养标识，对食品的所有健康声称（health claims）都符合法律规定的术语。该法律优先于各州对食品标准、营养标识和健康声称的要求，并首次允许对食品的某些健康声称。对食物成分表（food ingredient panel）、份额的大小（serving sizes），以及诸如“低脂肪”（low fat）和“少量”（light）等术语，都进行了标准化。美国国会在立法宗旨中强调：已有越来越多的科学证据证明增进美国国民的健康状况和疾病预防的效益；摄入某些营养素和膳食补充剂与预防某些慢性疾病（如癌症、心脏病和骨质疏松症等）之间有一定的联系，为此美国联邦政府在严格防止不安全或伪劣产品进入市场的同时，不应采取不合理的管理措施对优质产品的上市制造障碍；立法的最终目的在于保障消费者获得安全食品的权益。

1994 年颁布的《膳食补充剂健康与教育法》（Dietary Supplement Health and Education Act，简称 DSHEA）建立了新的膳食补充剂管理制度，授权 FDA 颁布膳食补充剂行业的生产质量管理规范。《膳食补充剂健康与教育法》对于膳食补充剂及其成分定义的范围较以往更宽，它可以是某些草药，而且对此类产品管理较过去更宽松、灵活。《膳食补充剂健康与教育法》规定膳食补充剂为：可加到膳食中的产品，它至少是下列中的一种：维生素，矿物质，草药，植物性物质，氨基酸，其他可补充到膳食中的膳食物质或者是浓缩物，代谢产物，混合物，提取物或上述未知成分的混合物（不包括烟草）。这些产品可以是任何形式如胶囊、软胶囊、粉状物、浓缩物或提取物，以补充膳食为目的，不能替代普通食品或作为餐食的唯一品种。

1991 年 7 月，日本厚生劳动省修改了《营养改善法》的部分条款（1991），将声称具有某种保健功能的食品称为“特定保健用食品”（FOSHU），其含义是“凡食用者可望获取标签上标明的保健功效的，属于特定保健用食品”，一般指用天然存在的物质加工成食品形状（不包括片、胶囊等）。在该法中，特定保健用食品被定位为特殊膳食用食品的一种，并规定，特定保健用食品是指根据掌握的有关食品（或食物成分）与健康关系的知识，预期该食品具有一定的保健功效，并经批准允许在标签声明人体摄入后可产生保健作用的一类食品。在 FOSHU 实施了十年之后，日本厚生省在 2001 年 4 月颁布了《保健功能食品制度》，将特定保健用食品归为保健功能食品的一类，同时设立另一类营养功能食品。2005 年 1 月进一步补充修订这一制度，又颁布了新的《保健功能食品制度》，在原有体系的基础上，新添加了规格标准型、附加条件的特定保健用食品和降低疾病风险声称的特定保健用食品。日本《营养改善法》严控产品市场准入要求和审批程序。其申报材料的要求的严格程度接近于药物。

欧盟目前有几部法规，包括管理食品和食物补充剂营养和健康声称的 Regulation（EC）No 1924/2006，管理食物补充剂的 Directive 2002/46/EC，以及管理食品维生素和矿物质添加的 Regulation（EC）No 1925/2006。欧盟对于草药另有单独的法规（Directive 2004/24/EC）管理。

2003年6月18日，加拿大卫生部正式颁布《天然健康产品法规（Natural Health Products Regultations，NHPR）》，并于2004年1月1日正式生效。它的出发点在于规范作为OTC产品、用于自我治疗和选择的NHP产品的质量、安全和有效。而需要处方的产品将纳入《食品和药品法》的范畴来管理。与日本类似，《天然健康产品法规》对产品实施上市前许可管理制度，但是涉及的产品范围要大得多，而许可审批的程序和要求相对简单，对传统药物和顺势疗法产品的限制也相对宽松。这部法规的内容包括产品定义、产品许可证管理、经营和销售许可证管理，生产场所GMP管理、临床实验、科学证据评价、标签和包装上的声称、不良反应报告等方面的内容，并附有天然保健食品的物质目录和不得用于天然保健食品的物质目录。

第二章　保健食品的生产经营概述

第一节　保健食品的原料来源

可用于保健食品的原料主要为普通食品原料、天然动植物物品、列入 GB 2760—2014《食品安全国家标准 食品添加剂使用标准》（以下简称《食品添加剂使用标准》）和 GB 14880—2012《食品安全国家标准 食品营养强化剂使用标准》（以下简称《食品营养强化剂使用标准》）的食品添加剂和营养强化剂三大类。本章节主要介绍不同来源的常用天然动物、植物、微生物原料及典型营养强化剂。

一、根茎类保健食品原料

（一）人参

人参为五加科植物人参的干燥根，含有人参皂苷和人参多糖等生物活性成分。人参中的麦芽醇、水杨酸和香草酸等成分具有抗氧化活性。人参还具有提高记忆力、强心、增强免疫功能等作用。

（二）甘草

甘草又名美草、蜜甘、国老，是豆科甘草属植物甘草干燥的根及根茎。甘草的化学成分比较复杂，其中最重要的具有生物活性的成分为甘草甜素（甘草酸）和黄酮类物质，此外还有多糖、氨基酸、有机酸、生物碱和多种金属元素等。甘草具有解毒、抗炎症、抗溃疡、解痉挛等功能，并对某些肿瘤有抑制作用。

（三）葛根

葛根又名干葛、粉葛等，是豆科葛属植物野葛和粉葛的块根。我国共有葛属植物 11 种，可人工栽培。葛根含多种化学成分，主要包括淀粉、异黄酮类和三萜类化合物。葛根中还含有铁、钙、锌、铜、磷、钾等十多种人体必需的矿物质以及多种氨基酸和维生素。葛根可调节循环系统，还具有降血糖、抗氧化等作用。

（四）大蒜

大蒜是百合科葱属植物蒜的地下鳞茎。按照鳞茎外皮的色泽可将大蒜分为紫皮蒜与白皮蒜两种。大蒜含大蒜辣素、大蒜新素、蒜氨酸、蛋白质、氨基酸、糖类（主要为多聚糖）、多种维生素和矿物质（锗和硒较高），还含多种酶类，包括超氧化物歧化酶（SOD）、蒜氨酸酶、水解酶、聚果糖酶及聚果糖苷酶等。大蒜具有防止动脉硬化、降血压、稳定血糖等作用。大蒜是一种较好的免疫激发剂，大蒜中的有机锗化合物有利于癌症的控制。大蒜能增强肝脏功能（特别是解毒功能），对肝脏疾病有较好的疗效。

（五）白芷

白芷是伞形科植物兴安白芷、川白芷、杭白芷的干燥根，白芷的主要成分为呋喃香豆素类。白芷对各类微生物有不同程度的抑制作用。白芷同其他原料共同作用时可影响脂肪代谢，还有解痉挛、止痛的功效。

（六）肉桂

肉桂为樟科樟属植物肉桂的干皮及枝皮。肉桂有扩张血管及降压、抗溃疡、加强胃肠道运动的作用。肉桂还具有镇静、镇痛、解热、抗惊厥等作用。

（七）姜类

姜是姜科植物姜的根茎，新鲜者为生姜，干燥后为干姜。姜影响心血管系统，对中枢神经系统有抑制作用。生姜具有抗盐酸－乙醇性溃疡作用。鲜姜提取物还有清除超氧阴离子自由基、羟自由基的抗氧化作用。

（八）百合

百合为百合科植物百合、麝香百合、细叶百合及同属多种植物鳞茎的干燥肉质鳞叶，以瓣匀肉厚、表面黄白色、质坚筋少者为佳。百合主要成分有秋水仙碱和百合多糖，秋水仙碱能抑制癌细胞增殖，百合多糖有促进免疫的作用。百合能升高外周白细胞浓度，具有提高机体免疫力、止咳祛痰、平喘、保护胃黏膜、抗疲劳等功效。

（九）薤白

薤白为百合科植物小根蒜和薤的干燥鳞茎，有蒜臭，味辛且苦，呈不规则的椭圆形，质地坚硬，表面黄白色或淡黄棕色。薤白的主要成分包括蒜氨酸、大蒜糖、脂肪酸、前列腺素、挥发油及薤白苷 A、D、E、F。薤白能抑制血小板聚集，具有降血脂、抗动脉粥样硬化，解除支气管平滑肌痉挛等功效。

（十）山药

山药为薯蓣科薯蓣的块茎。山药的主要成分有薯蓣皂苷和山药多糖，其他成分有黏液蛋白质、磷脂、多巴胺、盐酸山药碱及胆碱等。山药能增强免疫功能并具有降血糖、抗氧化等功效。

二、叶类保健食品原料

（一）茶叶

茶叶可分为基本茶和再加工茶两大类：基本茶包括绿茶、红茶、乌龙茶、白茶、黄茶和黑茶 6 类；再加工茶是上述 6 类茶叶经过再加工而成，包括花茶、紧压茶、萃取茶、香味果味茶、保健茶和含茶饮料 6 类。

从茶叶中检测到的化学成分多达 500 多种，主要有茶多酚、茶叶多糖、茶叶皂苷、茶氨酸、γ－氨基丁酸、嘌呤碱、蛋白质、糖类、类脂、多种维生素和矿物质等。茶叶具有调节脂类代谢、预防心脑血管疾病、预防龋齿、增强免疫功能、影响中枢神经系统、抑制癌症、抗氧化、抗辐射、耐缺氧、降血糖、利尿、助消化和对重金属毒害的解毒作用等。

（二）银杏

银杏属国家二级保护的稀有植物，含黄酮类、银杏内酯类、白果内酯及银杏叶多糖等功能成分。银杏叶临床上用于治疗冠心病、心绞痛、脑功能障碍、脑伤后遗症等。

（三）芦荟

芦荟原产非洲，为百合科多年生常绿肉质植物库拉索芦荟、好望角芦荟或斑纹芦荟叶中的液汁经浓缩的干燥品。芦荟的化学成分有 160 多种，其中生理活性成分达 70 多种，包括多糖、氨基酸、有机酸、多种维生素、矿物质类、酶类及蒽醌类化合物。芦荟具有祛痰、止咳平喘、降血压、增加冠状血流量、健胃消炎、通便利尿、治疗便秘、抗肿瘤等功效，对治疗气喘、过敏性鼻炎也有良好疗效。

（四）桑叶

桑叶为桑科落叶小乔木植物桑树的叶。桑叶主要活性成分有芦丁、槲皮素、异槲皮苷、植物雌激素、植物甾醇和 γ－氨基丁酸等。桑叶具有降血糖、降血压、降血脂的功能。

（五）荷叶

荷叶为睡莲科植物莲的叶。主要成分有生物碱，包括莲碱、荷叶碱等。荷叶还含有槲皮素、琥珀酸等活性成分。荷叶生物总碱具有降脂减肥的功效，对细菌、酵母菌和霉菌都有较强的抑制作用，所含琥珀酸有止咳祛痰作用。

（六）紫苏

紫苏为唇形科植物紫苏、野生紫苏等的干燥叶，具有低糖、高纤维、高矿物质元素的特点。紫苏可调节中枢神经系统，具有镇静、促进消化液分泌、增强肠道蠕动、增强脾细胞的免疫功能、抗突变和抗菌等作用。

三、果类保健食品原料

（一）沙棘

沙棘又名沙枣、醋柳果，是胡颓子科植物沙棘的干燥成熟果实。沙棘果实中的活性成分达 190 多种，主要包括蛋白质、脂肪类、多种维生素和微量元素、黄酮及萜类化合物、酚类及有机酸类以及超氧化物歧化酶（SOD）等。沙棘可增强免疫功能，还具有抗心肌缺氧、清除活性氧自由基、抗溃疡、保护消化系统、抗疲劳等作用。

（二）枸杞子

枸杞子为茄科植物枸杞或宁夏枸杞的干燥成熟果实。枸杞含枸杞多糖、甜菜碱、还含有 22 种氨基酸、维生素 B_1、维生素 C、烟酸、胡萝卜素和铁、锌、硒、锗等多种矿物质。枸杞可降低血胆固醇、抗肿瘤、抗氧化等功能，而且还具有雌性激素样作用。

（三）山楂

山楂为蔷薇科植物山楂或野山楂的成熟果实。山楂含黄酮类和三萜类化合物，还含丰富的蛋白质、多种维生素和矿物质。山楂具有强心、抗癌、促进消化作用。

（四）栀子

栀子又称黄栀子、木丹等，为茜草科植物山栀的干燥成熟果实，含黄酮类化合物、萜类化合物、环烯醚萜类、有机酸类（绿原酸和熊果酸）及挥发油类（醋酸苄酯、橙花叔醇等）。栀子有保肝利胆作用。

四、种子类保健食品原料

（一）枣类

1. 大枣

大枣为鼠李科植物枣的成熟果实。大枣中主要含有环核苷酸（cAMP）、大枣多糖、黄酮类化合物、膳食纤维、生物碱、有机酸。大枣具有改善微循环等作用、增强免疫力、降低血糖和胆固醇含量。有助于肝脏的保护、能提高机体免疫力、有抗癌功能。大枣在临床上用于慢性肝炎和早期肝硬化的辅助治疗。

2. 酸枣仁

酸枣仁是鼠李科植物酸枣的种子，主要含有三萜类化合物、黄酮类化合物、生物碱、脂肪油、cGMP 样活性物质、阿魏酸、植物甾醇、氨基酸、矿物质。酸枣仁具有抑制中枢神经系统、保护心血管系统、增强免疫功能等作用。

（二）豆类

1. 刀豆

刀豆为豆科植物刀豆的干燥成熟种子。刀豆的主要活性成分为血球凝集素。刀豆的主要生理功能为抗肿瘤，可凝集由各种致癌剂所引起的变形细胞。

2. 白扁豆

白扁豆为豆科植物扁豆的成熟白色种子。白扁豆种子含生物碱、酪氨酸酶、血球凝集素 A 蛋白质、烟酸、糖类、氨基酸、维生素及矿物质等。白扁豆能增强免疫、抑制血凝。

（三）苦杏仁

苦杏仁为蔷薇科李属植物杏、辽杏及野生山杏的成熟种子加工而成。苦杏仁含有苦杏仁苷、苦杏仁酶、羟基腈分解酶以及挥发性香味成分。苦杏仁具有镇咳、降血糖、抗炎与镇痛、润肠通便等功效。

（四）薏苡仁

薏苡仁又称薏米、薏仁等，为禾本科植物薏苡的干燥成熟种仁。薏苡仁的主要成分有薏苡仁酯、脂质和甾醇。薏苡仁有解热镇痛、促进排卵、抗肿瘤、降糖的作用。薏苡仁提取物对化疗药物所致免疫器官萎缩、巨噬细胞吞噬功能下降及白细胞减少都有明显保护作用，同时还能提高自然杀伤细胞的活性。低浓度薏苡仁油对平滑肌有兴奋作用，高浓度则有抑制作用。

（五）决明子

决明子为豆科植物钝叶决明的成熟种子。主要含有蒽醌衍生物和吡酮类物质。决明子可影响免疫功能，对金黄色葡萄球菌、大肠杆菌、肺炎球菌有不同程度的抑制作用，也具有降血压、降低血清总胆固醇和甘油三酯、保护视神经、致泻等作用。

（六）胖大海

胖大海又名安南子、通大海，是梧桐科植物胖大海的种子，主要成分为胖大海多糖，具有抗炎、抑杀细菌性痢疾及抑制草酸钙结晶形成等功能。胖大海能促进小肠蠕动，产生缓和的腹泻作用，还有降血压的作用。胖大海外皮、软壳果仁的水浸出提取物有一定镇痛功效，果仁的作用较强。

五、花草类保健食品原料

（一）花粉

花粉是有花植物的雄性生殖细胞，根据植物花源分成不同的种类。花粉的营养全面丰富，各种营养素比该植物的根茎叶都高，被誉为“完全食品”。

目前已发现花粉含有200多种营养成分，不仅含有人体通常必需的蛋白质、脂肪、糖类、微量元素、维生素，而且含有有机酸、多种酶、牛磺酸等生理活性物质。花粉蛋白质含量因植物和季节不同而有差异，5~6 月份采集的花粉蛋白质含量最高，花粉中氨基酸种类齐全，脂肪含量较少。

花粉具有增强心脏功能、刺激骨髓细胞造血、促进儿童智力发育和预防中老年记忆力减退、促进体力疲劳的恢复、增加食欲、促进消化、保护肝脏、促进内分泌腺体的发育，提高内分泌腺的分泌功能，抗衰老等作用。

（二）金银花

金银花为忍冬科植物忍冬、红腺忍冬、山银花或毛花柱忍冬的干燥花蕾或带初开的花，以山东产量最大。金银花主要成分为挥发油、绿原酸类化合物、黄酮类化合物。挥发油是金银花最重要的生理活性成分，鲜花中芳樟醇含量最高，干制后以棕榈酸含量为主，占 26% 以上。金银花对多种致病性细菌有不同程度的抑制作用，还能降低血脂、保肝利胆、清热解毒。

（三）红花

红花为菊科植物红花的干燥管状花，具有特异香气，呈橙红色。红花主要成分有黄酮类化合物、有机酸、色素和糖类物质。红花的提取物可抗心肌缺血、抑制血小板聚集、增强免疫力、抗氧化等作用。

（四）菊花

菊花为菊科植物菊花的干燥头壮花序，分为黄、白两种。菊花的主要成分有黄酮类化合物、三萜及甾醇、挥发油、腺嘌呤、胆碱、水苏碱、菊苷等。菊花可以显著扩张冠状动脉，增强冠脉血流量，并可提高心肌细胞对缺氧的耐受力，在临床上常用于治疗冠心病，菊花还有抗肿瘤、抑菌作用。

（五）丁香

丁香为桃金娘科植物丁香的干燥花蕾，丁香花呈淡紫红色，花蕾形似“丁”字，具有强烈的香味，故称丁香。未绽放的花蕾称“公丁香”，已熟的果实称“母丁香”。丁香主要含有丁香酚、丁香酚乙酸脂、石竹烯、甲基正庚基甲酮等挥发性成分，还含有山萘酚、鼠李素、齐墩果酸等黄酮类成分。丁香具有健胃、杀菌、抗菌、抗血栓形成、抑制血小板聚集、抗氧化以及清除氧自由基的作用。

（六）鱼腥草

鱼腥草为三白草科植物蕺菜的地上部分，微具鱼腥气味，主要成分为挥发油和黄酮类化合物。鱼腥草具有增强机体免疫、抗流感病毒、抗炎、抑菌、利尿、降血压、降血脂、扩张冠脉等作用。

（七）蒲公英

蒲公英为菊科多年生植物蒲公英、碱地蒲公英、异苞蒲公英或其他树种同属植物的带根全草。蒲公英的主要成分有三萜类化合物、黄酮类化合物和植物甾醇。蒲公英的根中富含五环三萜成分，花中含山金车二醇，叶中含叶黄素、蝴蝶梅黄素、叶绿醌、维生素C和维生素D等。蒲公英具有杀菌、抗胃溃疡、增强免疫、抑制肿瘤活性，保肝利胆等作用。

（八）薄荷

薄荷为唇形科植物薄荷或家薄荷的全草或茎叶，主要成分为挥发性油、黄酮类化合物和迷迭香酸、咖啡酸等有机酸。挥发油中主要成分为左旋薄荷醇。薄荷具有抗菌、解痉挛、健胃、利胆、发汗解热的作用。

（九）藿香

藿香为唇形科植物广藿香或藿香的全草。藿香活性成分主要是挥发油，具有抑菌、抗病毒、调节胃肠道平滑肌力、保护肠黏膜等作用。

六、真菌类保健食品原料

（一）虫草

虫草为虫草真菌寄生于虫草蝙蝠蛾幼虫体内形成的虫与菌的复合体，医疗保健价值最高的为冬虫夏草和蛹虫草。虫草含有丰富的营养物质，包括蛋白质和氨基酸，脂肪和脂肪酸、维生素、矿物元素。虫草具有保护心血管系统、促进非特异性免疫、保护肝脏、抗肿瘤等作用。

（二）灵芝

灵芝是一种寄生于栎及其他阔叶树根部的多孔菌科真菌，食用、药用灵芝为多孔菌科真菌紫芝和赤芝的干燥子实体。灵芝含有灵芝多糖类、三萜类化合物、生物碱等成分，具有保护心血管系统、增强机体免疫功能、抗肿瘤、镇静安定、保肝解毒、止咳平喘等作用。

（三）蜜环菌

蜜环菌为担子菌亚门真菌，属白蘑科，是兰科天麻属植物天麻的共生菌。蜜环菌的主要成分为多糖类，蓓半萜类和嘌呤类化合物。蜜环菌的发酵物有中枢镇静作用，蜜环菌制品对脑、冠状和外周血管有一定扩张作用，蜜环菌多糖具有显著的免疫调节功能。

（四）茯苓

茯苓为多孔菌科植物茯苓的干燥菌核。茯苓菌多寄生于松科植物赤松或马尾松等树根上。茯苓含卵磷脂、腺嘌呤、胆碱、麦角甾醇、多种酶、三萜类化合物、脂肪酸以及茯苓多糖。茯苓具有明显的抗肿瘤作用，对细胞免疫有很强的促进作用，还有保肝利尿、预防溃疡、镇静、降血糖、抗放射等功效。

七、藻类保健食品原料

（一）螺旋藻

螺旋藻又名蓝藻，是蓝藻门的一种海藻，在地球上已有35亿年的生长历史。因其藻体呈螺旋形而得名。目前国内外工业化生产的螺旋藻主要有钝顶螺旋藻（*Spirulina platensis*）和极大螺旋藻（*Spirulina maxima*）。

螺旋藻是至今为止自然界中营养最丰富、最全面的天然食物，含有丰富的优质蛋白质、氨基酸、多糖、不饱和脂肪酸、*β*–胡萝卜素、多种维生素、矿物质和微量元素。螺旋藻具有调节血脂、降低血脂胆固醇、促进骨髓细胞的造血功能、提高动物的免疫力、抗肿瘤、抗疲劳、防治贫血、抗氧化、延缓衰老等作用。

（二）小球藻

小球藻，又称日本小球藻，是普生性单细胞绿藻，属绿藻纲（Chlorophyceae）绿球藻目（Chlorococcales）卵囊藻科小球藻属。小球藻的维生素含量很高，具有防治高血脂症、降血压、增强机体的免疫力、抗辐射的作用。

（三）杜氏藻

杜氏藻又名盐藻，属于绿藻门团藻目杜氏藻科，是一类极端耐盐的单细胞真核绿藻。杜氏藻细胞内能储存大量甘油和β-胡萝卜素，此外还含有盐藻多糖、二萜类化合物、18种氨基酸、牛磺酸、叶绿素、多种维生素和矿物质。杜氏藻在体内可转化成维生素A，有增强机体免疫力、缓解眼睛疲劳、预防白内障、有效清除自由基、预防心血管疾病和防癌抗癌等功效。

（四）海藻

海藻又名海菜、海草，为马尾藻科马尾藻属植物，是一种海洋低等隐花植物。海藻可分为11大类，其中资源丰富、利用价值高的海藻主要为褐藻（Phaeophyta）、红藻（Rhodophyta）和绿藻（Chlorophyta）三大藻类。

海藻含有大量的无机元素，被称为天热矿物质食品。海藻含有较多的钠、钾、钙、镁等常量元素，对这些常量元素有浓缩作用，其中钙含量很高，为碱性食物。微量元素中碘含量超过所有食物，从海藻中分离出的多糖很多种。海藻具有抗肿瘤、调节免疫、促进排泄、减少胆固醇吸收、降低血压等作用。

八、动物类保健食品原料

（一）昆虫

昆虫作为食品有其独特的优点：优质蛋白质含量高、有生理活性成分、食物转换率高。昆虫具有抗衰老、调节免疫、抗肿瘤的功能。

（二）蛇

蛇为爬行纲亚目，食用蛇主要有蝮蛇科的蝮蛇、游蛇科的乌稍蛇及眼镜蛇科的眼镜蛇。蛇对心血管系统有保健作用，还有增强免疫力、防癌、抗肿瘤、舒筋活络、祛风除湿、止痛的功效。蛇胆具有止咳化痰、祛风健胃、明目益肝、清热解毒、增强机体的非特异性免疫功能，治神经衰弱等功效。

（三）蜂蜜、蜂王浆与蜂胶

1. 蜂蜜

蜂蜜为蜜蜂科昆虫中华蜜蜂等所酿的蜜糖，含维生素B_1、B_2、B_6、B_{11}、H、C、K、泛酸及胡萝卜素；无机盐包括钙、磷、钾、钠、镁、碘、铁、铜、锰等；酶类有淀粉酶、脂酶、转化酶等；有机酸有柠檬酸、苹果酸、琥珀酸、乙酸和甲酸；还有乙酰胆碱、糊精、黄酮类化合物、色素及花粉粒等。蜂蜜具有保肝、润肠通便、润肺止咳、解毒止痛、增强抵抗力、助消化、抗菌、护肤美容等功效。

2. 蜂王浆

蜂王浆是蜜蜂（工蜂）头部腺体的分泌物，工蜂舌腺分泌透明的高蛋白物质，上颚腺分泌白色的不透明奶油状物质，两者混合形成蜂王浆。蜂王浆营养价值高于蜂蜜，几乎含有人体生长发育所需要的全部营养成分。蜂王浆具有杀菌、增强体质、促进受损伤细胞再生和修复、增强造血功能、提高机体免疫功能、抗射线辐射、调节内分泌、防治心脑血管系统疾病、增加食欲、促进消化、保护肝脏、改善睡眠、开发智力、增强记忆力、推迟和延缓皮肤衰老等功效。

3. 蜂胶

蜂胶是蜜蜂把从植物叶、芽、树皮内采集所得的树胶混入工蜂上颚腺的分泌物和蜂蜡而制得的混合物，具有特异芳香气味。蜂胶的化学组成非常复杂，其化学成分因采集植物的种类和地点不同而不同，通常含有树脂、树胶、多酚类、黄酮类化合物及挥发性成分。蜂胶具有广谱的抗菌作用，是天然抗病毒物质，具有调节免疫、抑制肿瘤、调节血糖、延缓衰老、抗疲劳、美容的作用。

（四）海洋动物

海洋动物主要含有牛磺酸、多不饱和脂肪酸、磷脂、活性多糖、维生素、矿物元素（钙含量尤其丰富）和活性肽。海洋动物油脂含有大量多不饱和脂肪酸，典型的不饱和脂肪酸为二十碳五烯酸（EPA）和二十二碳六烯酸（DHA）。海洋动物提取物中有多种具有抗癌活性的成分，还有多种成分对心血管系统有保护作用。

（五）鸡内金

鸡内金为家禽类鸡的胃内膜。鸡内金含胃激素、角蛋白、17 种氨基酸、微量的胃蛋白酶、淀粉酶、氯化铵及多种矿物质。鸡内金可用于治疗食积胀满、呕吐反胃、遗尿遗精、小便频急等。

九、营养强化剂

营养强化剂指为增强营养成分而加入食品中的天然的或人工合成属于天然营养素范围的食品添加剂。在食品中添加营养强化剂的目的是为了增加营养成分，以调整到合理均衡的营养水平。

食品添加剂，指为改善食品品质和色、香、味以及为防腐、保鲜和加工工艺的需要而加入食品中的人工合成或者天然物质，包括营养强化剂。

营养强化剂和普通的食品添加剂不同，它是为了增加食品的营养成分（价值）而加入食品中的天然或人工合成的营养素和其他营养成分，同时受《食品添加剂使用标准》和《食品营养强化剂使用标准》所规范。营养强化剂仍然属于食品添加剂范畴，还应遵循新《食品安全法》的规定。

食品营养强化剂必须是营养物质，与药品严格区分，我国《食品营养强化剂使用标准》针对我国当前人体营养缺乏状况，规定在我国可使用的营养强化剂有三大类：氨基酸和其他含氮化合物、维生素类、矿物质与微量元素。

（一）氨基酸及其他含氮化合物

1. 牛磺酸

牛磺酸是牛黄的组成成分，化学名为2–氨基乙磺酸。牛磺酸不参与蛋白质代谢，但是与胱氨酸、半胱氨酸的代谢密切相关。人体内牛磺酸是由半胱氨酸代谢而来的，人体只能有限地合成牛磺酸，因此，人类主要依靠摄取食物中的牛磺酸来满足机体的需要。牛磺酸在海洋贝类、鱼类中含量丰富，如牡蛎。

2. L–盐酸赖氨酸

赖氨酸为人体必需的八种氨基酸之一，天然赖氨酸均为左旋型，即L–赖氨酸，在空气中吸水性很强，一般制备成其盐酸盐，即L–盐酸赖氨酸，作为赖氨酸的营养强化剂。

赖氨酸对维持人体正常生理功能的主要作用有：调节人体代谢平稳，赖氨酸为合成肉碱提供结构组分；往食物中添加少量的赖氨酸，可以刺激胃蛋白酶和胃酸的分泌，增进食欲，促进幼儿生长和发育；赖氨酸能提高钙的吸收及其在体内的积累，加速骨骼生长，若缺乏赖氨酸会造成营养性贫血，致使中枢神经受阻、发育不良。

（二）维生素类

我国可使用的维生素类营养强化剂包括脂溶性维生素 D、E、K 和水溶性维生素 B_1、B_2、B_6、B_{11}、B_{12}、烟酸、泛酸、生物素、胆碱和维生素 C。

1. 水溶性维生素

水溶性维生素主要功能作用包括：参与体内生物氧化与能量代谢；参与血红蛋白的合成；参与氨基酸代谢，与氨基酸的分解、蛋白质的合成有关；参与脑细胞的形成、神经递质的合成以及大脑信息传递受体的组成；促进生长，维持神经系统的正常功能等。机体缺乏时可引起相应缺乏症。市场上有维生素 C 等单一的维生素补充剂和维生素 B 族等复合维生素补充剂。

2. 脂溶性维生素

维生素 D 具有抗佝偻病的作用。主要生理作用是促进钙的吸收，维持正常血钙水平和磷酸盐水平，促进骨骼与牙齿的生长发育，维持血液中正常的氨基酸浓度和调节柠檬酸代谢等。维生素 D 补充剂常见的有鱼肝油和维生素 AD 滴剂。

维生素 E 又名生育酚，主要生理作用包括强的抗氧化作用，减少脂褐素形成，改善皮肤弹性，提高机体免疫力，预防和延迟衰老，参与 DNA 的合成，促进血红蛋白、酶蛋白的合成，抑制血小板聚集，维持红细胞完整性和生殖器官的正常功能。常见维生素 E 补充剂有维生素 E 胶囊。

维生素 K 为甲基萘醌衍生物，包括天然产物 K_1、K_2 和人工合成的 K_3、K_4，主要生理功能为凝血作用。一般人单纯因膳食供应不足产生缺乏极少见，一些继发性缺乏患者和新生儿可适当补充。

（三）矿物质和微量元素类

作为保健食品原料资源，我国许可使用的矿物质包括钙盐、锌盐、铁盐和硒盐，以及碘化钾、硫酸镁、硫酸铜和硫酸锰。另外，这些矿物质和微量元素各自在体内发挥重要的生理功能，缺乏时表现出相应的缺乏症状。

我国允许在食品中添加的钙强化剂主要有柠檬酸钙、葡萄糖酸钙、碳酸钙或生物碳酸钙、乳酸钙和磷酸氢钙等；锌强化剂主要有硫酸锌和葡萄糖酸锌；铁强化剂主要有硫酸亚铁、葡萄糖酸亚铁、柠檬酸铁、富马酸亚铁和柠檬酸铁胺；硒强化剂主要有亚硒酸钠、富硒酵母和硒化卡拉胶。

此类矿物质主要作为营养强化剂用于加工食品，如加碘食盐、铁强化酱油。另外，也有以膳食补充剂出现的钙制剂、强化碘丸和复合强化剂等。

第二节　保健食品常见生产工艺及设备

一、保健食品产品形态

（一）保健食品的剂型类别

目前我国保健食品的剂型，有传统食品形态的剂型和药品剂型两大类。药品剂型约占当前保健食品产品的 80%，主要有以下几种。

1. 胶囊剂

在保健食品中，根据胶囊的性质分为：硬胶囊剂和软胶囊剂。

（1）硬胶囊是指将一定量的粉碎原料充填于空心胶囊中制成，有以下特点。

①外观光洁、美观，可隔离原料不适口的味道，易于接受，方便服用。

②生物利用度高，辅料用量少。

③稳定性好，阻隔内容物质不受湿气、空气中的氧气以及光线的影响，保持其物理、化学和生物学性质的稳定。

（2）软胶囊是指将一定量的原料加适宜的辅料密封于一定形状的软质胶囊中制成。软胶囊剂除了同硬胶囊剂具有相同的特点外，其本身的主要特点还表现为以下几点。

①整洁美观、容易吞服、有效隔离原料的不适口味道。

②装量均匀准确，溶液装量精确度可达 ±1%。

③软胶囊完全密封，其厚度可防氧进入，对挥发性原料或遇空气容易变质的原料可以有效提高其稳定性，延长存储期。

④适合难以压片或贮存中会变形的低熔点固体原料。

⑤可提高油溶性原料的生物利用度。

⑥可做成肠溶性软胶囊及缓释制剂。

⑦简化油状原料制剂工艺，避免油状原料从吸收辅料中渗出。

2. 片剂

片剂是将功能原料与辅料均匀混合后压制而成的片状制剂。片剂以口服普通片为主，也有口含片、咀嚼片、泡腾片、肠溶片等，主要有以下几种。

（1）普通片是指将功能性原料与辅料混合而压制成的片剂，一般应用水吞服。

（2）包衣片剂是指在片芯（压制片）外包衣膜的片剂。包衣的目的是增加片剂中功能性用料的稳定性，掩盖原料的不良气味，改善片剂的外观等。

（3）咀嚼片指在口中嚼碎后咽下的片剂。此类片剂常加入调味料以改善口感。

（4）泡腾片剂指含有泡腾崩解剂的片剂，泡腾片遇水可产生气体（一般为二氧化碳），使片剂快速崩解，多用于水溶性功能性原料的片剂。

（5）口含片，又称“含片”，是指含在口腔内缓慢溶解而发挥作用的片剂。

片剂的优点如下。

（1）溶出度及生物利用度通常较丸剂好。

（2）剂量准确，功能成分用料含量差异较小。

（3）质量稳定，片剂为干燥固体，对易氧化变质及易潮解的功能成分用料可借包衣加以保护，减小光线、空气、水分等的影响。

（4）服用、携带、运输等较方便。

（5）机械化生产，产量大，成本低，卫生标准容易达到。

3. 颗粒剂

颗粒剂是指原料与适宜辅料混合制成的干燥颗粒状（晶状）剂型。按照颗粒剂溶解性能和溶解状态一般分为两种类型：可溶性颗粒剂、混悬性颗粒剂。

可溶性颗粒剂加水能完全溶解，溶液澄清透明，无焦屑等杂质。混悬性颗粒剂用水冲后不能全部溶解，液体中有浮悬的细小物质。它是将一部分原料提取制成稠膏，另一部分原材料粉碎成细末，两者混合制成颗粒。

4. 散剂

散剂又称粉剂，是指一种或数种原料经粉碎、混合而制成的粉末状剂型。散剂的表面积较大，因而具有易分散、显效快的优点，但是也有易潮解的缺点。

5. 口服液（糖浆剂）

口服液是将原材料用水或其他溶剂，采用适宜的方法提取，经浓缩制成的内服液体剂型。其特点如下。

（1）能浸出原材料中的多种有效成分。

（2）吸收快，显效迅速。

（3）能大批量生产，免去临用煎药的麻烦，应用方便。

（4）服用量减小，便于携带、保存和服用。

（5）多在液体中加入了矫味剂，口感好，易为人们所接受。

（6）成品经灭菌处理，密封包装，质量稳定，不易变质。

6. 蜜膏

蜜膏又叫煎膏剂。蜜膏是指原料经过加水煎煮，去渣浓缩后，加入蜂蜜制成的稠厚的、半流体状的剂型。其特点是浓度高，体积小，稳定性好，利于保存，携带方便，便于服用，作用和缓、持久，如川贝枇杷膏。

7. 露剂

露剂是用水蒸气蒸馏法制得的一种液体。主要以带有芳香性、含挥发性成分较多的新鲜药材（如花、茎枝、果实等）为原料经蒸馏而制得的澄明口服制剂。露剂的特点是芳香宜人、服用方便。

8. 鲜汁

鲜汁是指直接从新鲜的水果或蔬菜或其他天然原料用压榨或其他方法取得的汁液。

9. 茶剂

茶剂是指由含茶叶或不含茶叶的功能性原料制成，用沸水冲服、泡服或煎服的制剂，分为茶块、袋装茶和煎煮茶。茶块分为不含糖茶块和含糖茶块，袋装茶指茶叶或原料粗粉装包（袋），也可将这些原料与其他原料提取物混合干燥后装入包（袋）的茶剂。

（二）保健食品的典型食物形态

1. 饮料

常见的功能饮料分为以下几种。

（1）植物饮料类是以植物或植物提取物（水果、蔬菜、茶和咖啡除外）为原料，经加工或发酵制成的饮料。

（2）茶饮料以绿茶、红茶或乌龙茶为主要原料，配以单味或复方中药制成；也有用中药煎汁喷在茶叶上干燥而成；或者药液、茶液浓缩喷雾干燥而成。多用袋包装，也有罐装或盒装。

（3）运动饮料是营养素及其含量能适应运动或体力活动人群的生理特点的饮料。

（4）营养素饮料是添加适量的食品营养强化剂，以补充某些人群特殊营养需要的饮料。常见的有维生素饮料。

2. 乳制品

保健功能类乳制品的产品种类众多，从传统的发酵酸奶到营养配方奶粉等。按照产品所具有的生理调节作用，可以划分为如下几类。

（1）酸奶是以乳或乳制品为原料，经乳酸菌等有益菌培养发酵制得的乳液中加入水以及白砂糖和（或）甜味剂、酸味剂、果汁、茶、咖啡、植物提取液等一种或几种调制而成的饮品。

（2）乳粉是以鲜乳为原料，经预处理及真空浓缩，然后喷雾干燥而制成的粉末状食品。

3. 保健酒

保健酒是指在基酒中加入有关功效原料，按一定生产工艺加工而成的对人体具有保健功能的饮料酒。

4. 饼干

饼干的保健功能主要是在饼干的制作中添加各种具有功效成分的原料。

5. 蛋白粉

蛋白粉用奶、鸡蛋或大豆中分离提取出来的蛋白质为主要原料，添加其他功效成分和辅料制成。根据来源的不同，蛋白粉可以分为大豆蛋白和乳清蛋白两大类。

二、保健食品常见生产工艺

保健食品生产工艺是以食品工艺学、中药药剂学等理论为指导，研究保健食品的原材料、半成品、成品的加工过程和方法，各操作单元有机联合作业和质量控制，使加工过程中功效成分不损失、不破坏、不转化和不产生有害的中间体。采用的工艺路线是否科学、成熟，工艺参数是否合理，直接影响到保健食品的安全性、有效性及质量可控性。

（一）生产工艺主要环节

保健食品生产工艺根据产品的原料组成、功效及剂型的不同，有所不同，但一般包括原料前处理、提取、纯化、浓缩、干燥、制剂成型、杀菌、包装、检验、入库等环节。

1. 原料前处理

保健食品原辅料的检查、鉴定与投料涉及面广，检查其质量是否符合国家标准和卫生要求，如无国家标准，应当索取行业标准或自行制定的质量标准。加工包括切制、炮制、粉碎等。切制（片、段、块等）类型和规格应综合考虑药材质地、炮制加工方法、制剂提取工艺等。切制前经软化处理的需控制时间、吸水量、温度等影响因素，以避免有效成分损失。炮制方法（火制、水制或水火共制）应符合《中华人民共和国药典》规定。粉碎方法应根据药材性质浸出溶剂和浸出工艺要求，如用水作浸出溶剂，药材粉碎过细，会降低浸出通透性。含挥发性成分药材应规定粉碎温度，含糖或胶质较高且柔软的药材应注意粉碎方法。

2. 提取纯化工艺

鉴于动、植物性物品成分的复杂性，提取纯化工艺常会对有些不稳定的成分产生影响，因此必须严格控制这些步骤的工艺条件，采样的工艺路线能合理地选择功效成分或有效部位。

提取工艺应尽量采用传统用法或食用习惯的提取方法。选择的溶剂应能最大限度地溶解和浸出有效成分，不与有效成分和辅助成分发生化学反应，安全无毒，如多糖类、有机酸类可用水提，生物碱、皂苷类可用50%~70%乙醇提取。浸出条件可依据查阅文献资料和实验研究进行筛选。提取溶剂须符合食品添加剂中加工助剂的要求。目前保健食品涉及的提取方法主要有以下几种。

（1）溶剂浸提法。

①煎煮法：适用于有效成分能溶于水，且对加热不敏感的物品。

②浸渍法：常温或加热条件下静态提取方法，通常溶剂为乙醇或白酒，适用于酒剂生产。

③渗漉法：动态提取方法，操作技术要求较高。适于提取热敏性、挥发性、有效成分含量较低或要求浸出液浓度较高的物料，如人参、西洋参皂苷的乙醇提取。

④回流法：热浸渍法，较渗漉法溶媒用量少，浸提较完全。由于需连续加热，浸出液受热时间较长，故不适用于热敏性有效成分的浸出。通常用于质地较硬、浸提较难的物料浸提处理。

（2）压榨法适用于含汁或含油多的原料，如芦荟汁、植物油提取。

（3）超临界二氧化碳萃取法是一种以超临界流体（如CO_2）代替传统有机溶

媒对中药有效成分进行萃取分离的新技术，提取率高，生产周期短，特别适合热敏性及易氧化分解成分，如灵芝孢子油、多不饱和脂肪酸、大蒜素、茶多酚等提取。应重视超临界萃取工艺参数如压力、温度、流量、时间、溶媒比、颗粒度最佳条件的选择。

纯化工艺应根据已经确认的一些有效成分的存在状态、极性、溶解性等，采用科学、合理的分离纯化技术，如植物多糖选择水提醇沉法进行精制，应对提取并经浓缩后的物料相对密度（测定时温度）、加入乙醇的级别、浓度、加入量、加入乙醇后的含醇量、搅拌速度、操作的温度、醇沉的时间均应作出相应规定。过滤应指定方法和设备。膜分离（微滤、超滤）应明确膜材料名称、压力、孔径。离心应规定设备的功率、转速、离心时间、温度等。应用大孔树脂分离纯化工艺生产保健食品的，则应按照有关规定执行。

3. 浓缩与干燥工艺

浓缩、干燥工艺应依据制剂的要求，使之达到要求的相对密度或含水量，以便于成型。应注意在浓缩、干燥过程中可能对中药成分的破坏，如含有受热不稳定的成分，应以热稳定性考察指标选择合理的工艺，挥发性、热敏性成分在浓缩、干燥时应注意其保留情况。

常用的浓缩方法有减压浓缩（真空浓缩）、常压浓缩、冷冻浓缩等。由于减压浓缩是在较低温度下进行，可避免对热不稳定成分的破坏和损失，在保健食品生产中应用最多，但必须明确其浓缩温度、压力及达到的相对密度（测定时温度）。冷冻浓缩方法特别适用于热敏食品如牛初乳、蔬菜汁等。

常用的干燥方法有喷雾干燥、冷冻干燥、气流干燥、辐射干燥、加热干燥等。喷雾干燥，由于是瞬间干燥，特别适用于热敏性物料。冷冻干燥适于热敏感性物料和蜂胶等膏状物料的干燥。工艺流程图及工艺说明中必须明确干燥方法、条件及设备要求。

4. 制剂成型工艺

（1）产品形态与剂型选择　保健食品是食品的一个种类，其形态与剂型须符合适宜人群口服要求。舌下吸收、喷雾吸收剂型不能作为保健食品。保健食品常见剂型有口服液、胶囊剂（硬胶囊、软胶囊）、片剂（素片、含片、咀嚼片、泡腾片、包衣片）、颗粒剂、固体饮料、膏剂、饮料、保健酒、袋泡茶、丸剂、糖果、发酵乳、油剂等。产品形态与剂型选择的依据如下。

①根据配方原料特点及功效成分 / 标志性成分的理化特性选择剂型。适宜的

产品形态与剂型可最大限度地保留功效作用的成分并保持其稳定性。如油溶性原料、黏稠性强或易氧化原料可制成软胶囊，有些功效成分液态不稳定可制成固体制剂，易吸潮或滋气味特殊物料可制成包衣片等。

②根据产品的保健作用选择产品形态与剂型。保健食品功效成分在人体的吸收、分布与其功效作用的发挥有着密切的关系，适宜的形态与剂型除有利于人体吸收外，还应能保证功效成分达到需要其发挥作用的部位，如清咽功能可选择含片或糖果等形态。

③根据食用人群的需求及产品安全性选择产品形态与剂型，如适宜儿童用保健食品除口感外，应形态适宜，食用方便，可采用口服液、咀嚼片、泡腾片等。

④根据生产工艺要求，选择适宜的剂型，如一些中药采取水提醇沉法提取分离制成口服液。

⑤根据服用量大小选择不同的剂型，如每日服用量较大，可制成颗粒剂或粉剂等。

（2）辅料的选择制剂辅料的种类与用量要根据中间体性质、剂型特点、食用方式、原辅料理化特性和影响因素，以及不同剂型中辅料作用特点等方面综合进行筛选。良好的制剂配方应能在尽可能少的辅料用量下获得最好的制剂成型性。所有辅料均应符合我国有关规定。

（3）制剂技术符合所选剂型的制备工艺要求，原辅料应混合均匀（尤其重视维生素及量小成分原料分散均匀），固定工艺参数及其所用设备；应注意产品内包装材料选择是否合理。

（4）灭菌与消毒技术根据配料组成与成品性质、产品中功效成分 / 标志性成分稳定性、生产过程微生物污染因素与控制条件、生产车间的洁净级别等因素来选择灭菌或消毒方法。热杀菌应选择合理时间、温度以避免功效成分的损失。辐照灭菌应严格控制吸收剂量（≤8kGy），液体、软胶囊以及蜂王浆等不宜采用辐照灭菌。

5. 工艺参数选择依据

对于传统、成熟的生产工艺，以实验性文献资料或关键性步骤对比试验，功效成分 / 标志性成分提取率、出膏率的考察结果，说明工艺参数选择的依据。对于采用超临界流体萃取、膜分离、色谱分离、酶解、酸碱水解等特殊工艺、新工艺，需提供优选试验研究资料，因素与水平选择要合理，分析方法要恰当。

（二）保健食品生产工艺实例

实例 1

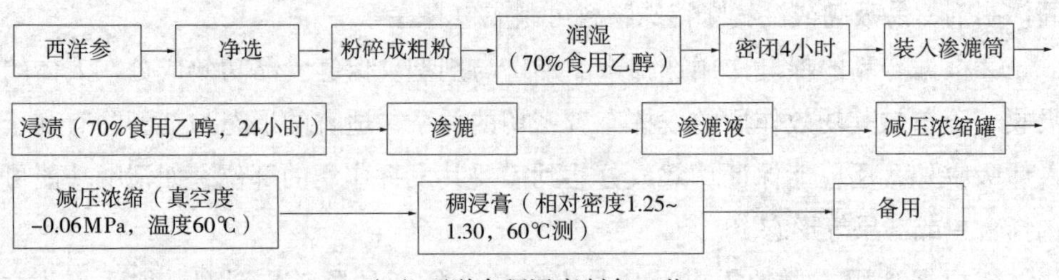

（a）西洋参稠浸膏制备工艺

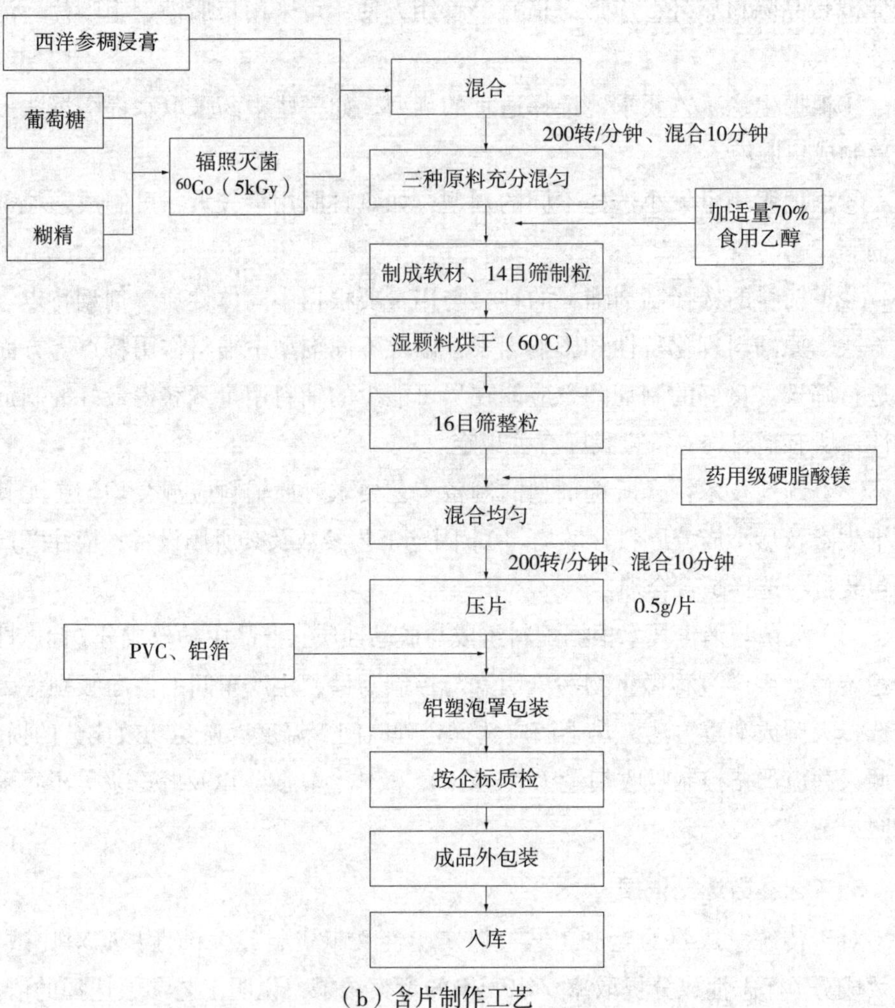

（b）含片制作工艺

图 2-1　西洋参含片生产工艺简图

注：方框内工序的空气洁净度为 30 万级

实例 2

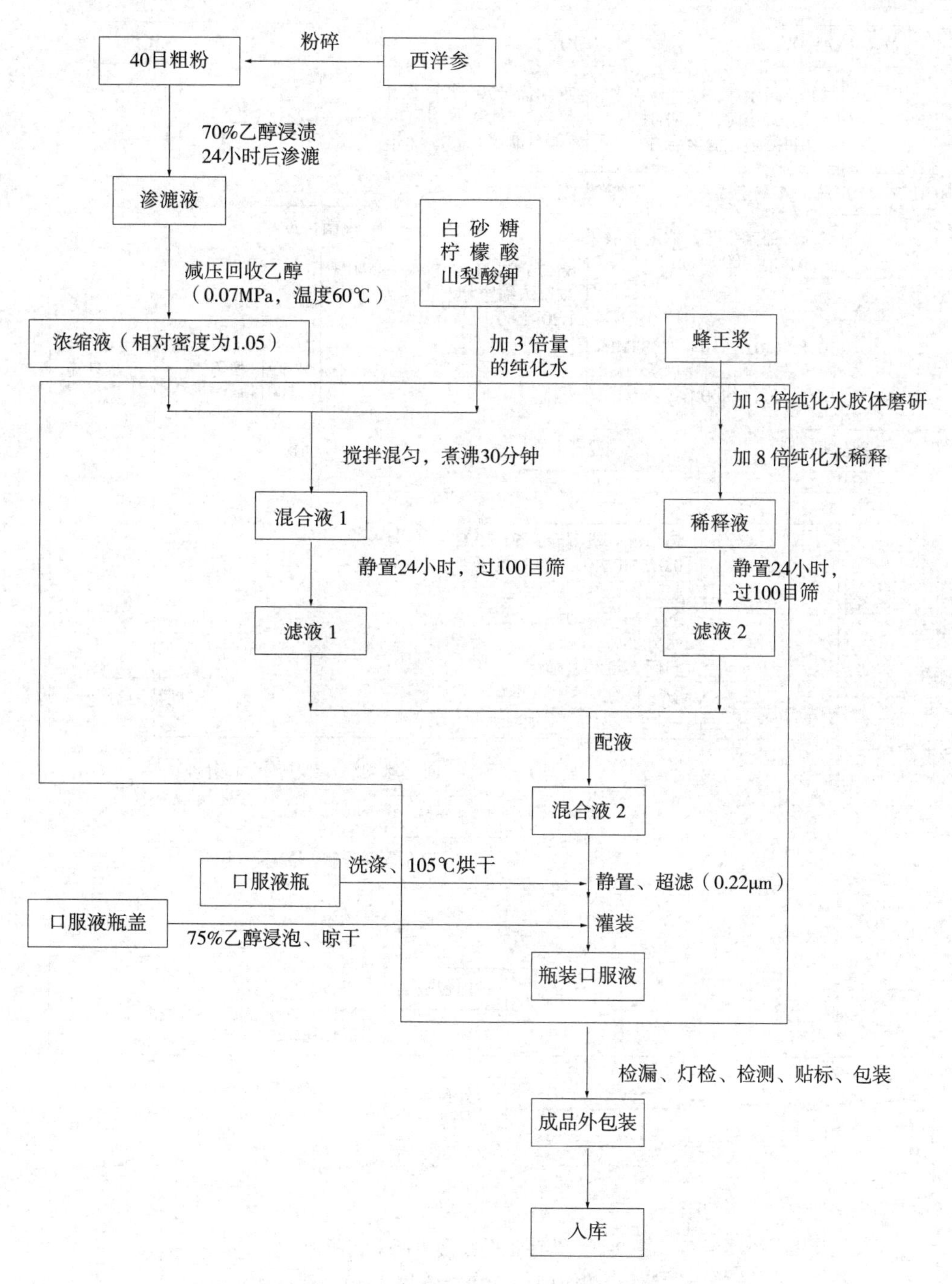

图 2–2　西洋参蜂王浆口服液生产工艺简图

注：方框内的工序空气洁净度为 10 万级

实例 3

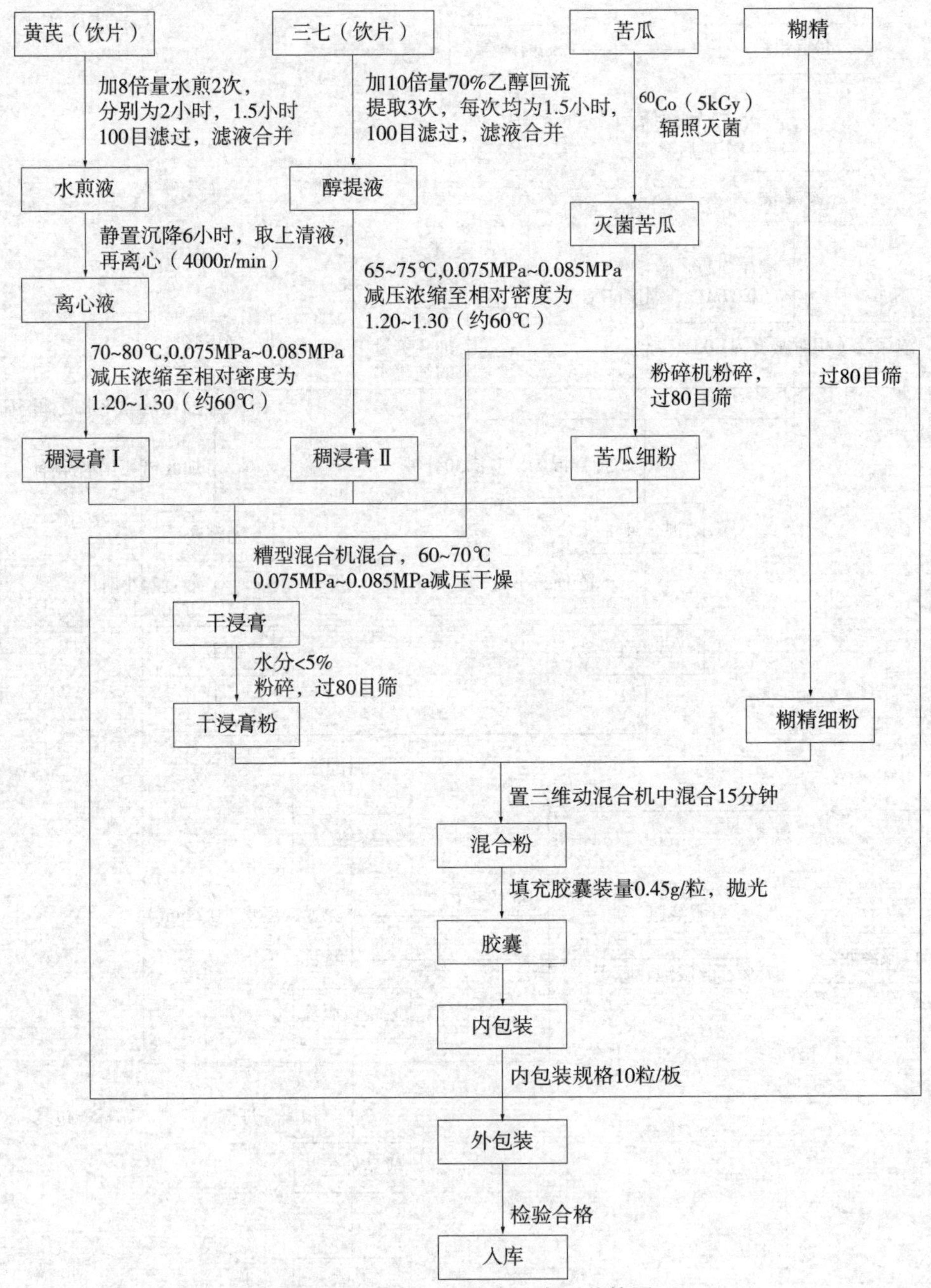

图 2-3　黄芪三七胶囊生产工艺简图

注：方框内工序空气洁净度为 30 万级

三、保健食品生产设备与设施

（一）空气净化装置

1. 空气净化与空气洁净度

空气净化设备，是指能够滤除或杀灭空气污染物、有效提高空气清洁度的产品，目前以清除室内空气污染的家用和商用空气净化设备为主。

保健食品 GMP 规定了厂房和生产车间空气洁净度的要求：厂房应按生产工艺流程及所要求的洁净级别进行合理布局，同一厂房和邻近厂房进行的各项生产操作不得相互妨碍。10 万级洁净级区应安装具有过滤装置的相应的净化空调设施。厂房洁净级别及换气次数见表 2-1。

表 2-1　空气洁净度分级标准（源自 GB/T 16292—2010）

洁净级别	洁净级别		活微生物数 /m^3	换气次数 / 小时
	≥ 0.5μm	≥ 5μm		
10000 级	≤350000	≤2000	≤100	≥ 20 次
100000 级	≤3500000	≤20000	≤500	≥ 15 次

洁净厂房的设计和安装应符合 GB 50073—2013《洁净厂房设计规范》的要求。

保健食品生产片剂、胶囊、丸剂的洁净级别要求为 30 万级，不能在最后容器中灭菌的口服液等产品应当采用 10 万级洁净厂房。

2. 空气净化技术与设施

保健食品生产车间常用的空气净化技术主要有下列两种。

（1）低温非对称等离子体模块　通过高压、高频脉冲放电形成非对称等离子体电场，使空气中大量等离子体之间逐级撞击。产生电化学反应，对有毒有害气体及活体病毒、细菌等进行快速降解，从而高效杀毒、灭菌、去异味、消烟、除尘，且无毒害物质产生。

（2）过滤吸附　主要用疏水晶态二氧化硅分子筛为过滤介质。能彻底清除苯，二甲苯、三氯甲烷等多种有害气体，对水及空气不吸附，能有效吸附多种有害气体，吸附量大，一次再生可使用一年半。过滤材料可使用简单方法脱附再生使用，不会产生新的污染源。

（二）水处理系统装置

1. 水处理的目的

保健食品的生产一般对水质要求较高，水处理的目的主要有以下几点。

（1）保持用水水质的稳定性和一致性。

（2）除去水中的悬浮物质和胶体物质。

（3）去除有机物、异臭、异味、脱色。

（4）将水的硬度和碱度降到标准以下。

（5）去除微生物。

（6）去铁、锰，排气。

2. 水处理设备

（1）砂滤棒过滤器　是一种通过粒状介质层分离不溶性杂质的方法。适用于用水量较少，原水中硬度、碱度指标基本合乎要求，只含有少量的有机物、细菌及其他杂质的水处理。砂滤棒孔直径一般为 0.16~0.41μm，水中存在的少量有机物及微生物可被微孔截留，滤出的水可达到基本无菌。

（2）活性炭过滤器　活性炭为多孔性物质，具有很强的吸附能力，能吸附水中的气体、臭味、氯离子、有机物、细菌及铁与锰等杂质，一般可将水中的有机物除去 90% 以上。

（3）离子交换法　离子交换去离子法的目的是将溶解于水中的无机离子排除，与硬水软化器一样，也是利用离子交换树脂的原理。主要使用两种树脂：阳离子交换树脂与阴离子交换树脂。

（4）反渗透法　反渗透法可以有效地清除溶解于水中的无机物、有机物、细菌、热原及其他颗粒等，是透析用水处理中最重要的一环。

（5）超滤法　超过滤法与反渗透法类似，也是使用半透膜，但它无法控制离子的清除，因为膜之孔径较大，约 1~20nm 之间。只能排除细菌、病毒、热原及颗粒状物等，对水溶性离子则无法滤过。超过滤法主要的作用是充当反渗透法的前置处理以防止逆渗透膜被细菌污染。它也可用在水处理的最后步骤以防止上游的水在管路中被细菌污染。一般是利用进水压与出水压差来判断超过滤膜是否有效，与活性炭类似，平时是以逆冲法来清除附着其上的杂质。

（6）电渗析法　通过具有选择通透性和良好导电性的离子交换膜，在外加直流电场的作用下，根据异性相吸、同性相斥的原理，使原水中阴、阳离子分别通过阴离子交换膜和阳离子交换膜而达到净化作用。

（三）生物发酵装置

生物反应器通常是指利用生物催化剂进行生物技术产品生产的反应装置（或场所）。它不仅包括传统的发酵罐、酶反应器，还包括采用固定化技术后的固定化酶或固定化细胞反应器、动植物细胞反应器等。而发酵工程上所讲的生物反应器一般就指发酵罐，其作用就是为细胞代谢提供一个优化稳定的物理与化学环境，使细胞能更快更好地生长，得到更多需要的生物量或者目标代谢产物。

现就发酵工业中经常使用的设备按照发酵过程微生物是否需氧分为通风发酵设备和嫌气发酵设备。

1. 通风发酵设备

一般就是指通风式发酵罐，又称好气性发酵罐。如谷氨酸、柠檬酸、抗生素等发酵所用的发酵罐。在好气性发酵过程中，需要空气的不断通入，以供微生物生长所需的氧。通入发酵液的空气分散程度越高，其比表面也就越大，进而发酵液中氧的溶解也就越快。

2. 嫌气发酵设备

嫌气性发酵在发酵过程中不需通气，如丙酮、丁醇、酒精、啤酒、乳酸等的生产采用嫌气发酵罐，因此在设备放大、制造和操作时，都比好气性发酵设备简单得多。

（四）分离纯化装置

1. 膜分离技术

膜分离技术是利用有选择透过性的薄膜，以压力为准动力实现混合物组分离的技术。是一种物质透过或被截留于膜的过程，近似于筛分过程，依据滤膜孔径的大小而达到物质分离的目的，故可按分离粒子或分子的大小分类，见图 2–4。

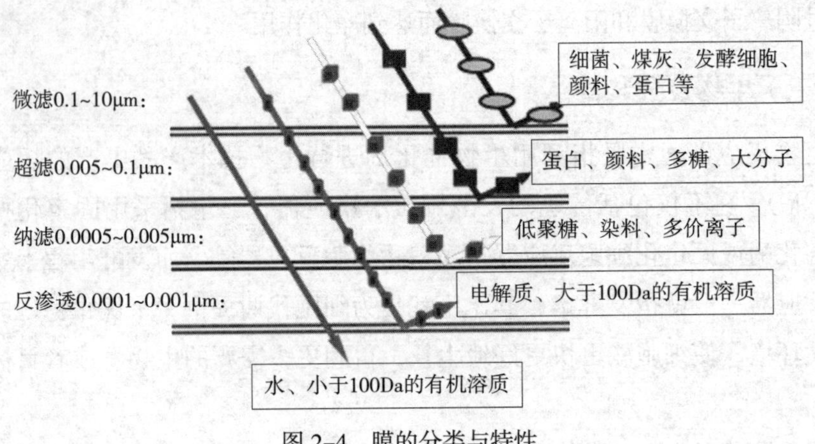

图 2-4 膜的分类与特性

2. 超临界萃取设备

超临界萃取是以超临界流体作为萃取剂，在临界温度和临界压力附近的条件状态下，从液体或固体物料中萃取出待分离的组分。

（1）超临界流体萃取的原理及特征　稳定的纯物质都有固定的临界点，包括临界压力 P_c、临界温度 T_c 和临界密度 ρ_c。例如二氧化碳，其 P_c 为 74MPa，T_c 为 31.1℃，ρ_c 为 0.525g/cm^3。在物质处于超过临界温度和临界压力的情况下，物质就处于超临界状态，处于超临界状态的流体就称为超临界流体。

超临界流体既不同于普通液体，又不同于普通的气体，它具有特殊的性质。超临界流体在密度上接近于液体，对物质的溶解度也与液体相近，密度越大，溶解性能也越强。在黏度上又接近于气体，具有良好的流动性。同时扩散系数很高，可超过液体 100 倍。因此，渗透性极佳，能够更快地完成传质过程而达到平衡，实现高效分离过程。由于超临界流体的特殊性质，因此具有特殊的溶解能力，而且其溶解性能随着其密度的改变而改变。

（2）超临界萃取的优点如下。

① 可以在接近室温（35~40℃）及 CO_2 气体笼罩下进行提取，有效防止了热敏性物质的氧化和逸散。因此，萃取物保持着药用植物的全部成分。

② 是最干净的提取方法，100% 的纯天然。

③ 萃取和分离合二为一。

④ 适合于挥发性物质的分离。

（五）加热杀菌装置

杀菌技术是杀死或除去保健食品及有关物体中微生物的繁殖体和芽孢的方

法。杀菌是保健食品的贮存、保鲜、延长保质期不可缺少的环节。

主要的加热杀菌设备如下。

1. 高压杀菌法

高压杀菌是利用高压蒸汽杀灭细菌的方法。一般在115.5℃，30min，就能杀死所有的细菌和芽孢，适用于耐高热的食品或容器，如一些罐藏食品、金属器具等。

2. 巴氏杀菌法

巴氏杀菌是指温度比较低的热处理方式，一般在低于水沸点温度下进行。巴氏杀菌可以杀死保健食品中的病原菌和腐败菌，但不能杀灭所有微生物，因而保质期较短。适合于pH 4.7以下酸性保健食品的杀菌。

（六）冷藏冷却装置

很多保健食品的原料或保健产品都具有生物活性，在常温下保藏很容易氧化而破坏其活性，而在低温下保藏可以有效防止酶和氧化反应的发生，从而能保证原料或产品的品质。常用的冷藏冷却装置如下。

1. 风冷设备

食品工业中常用的是干式冷风机。它是靠空气通过冷风机内的蒸发排管来冷却管外强制流动的空气。根据安装位置的不同，分为落地式冷风机和吊顶式冷风机。

2. 冷冻设备

包括冷源制作（制冷）、物料的冻结、冷却三个组成部分。制冷机有活塞式、螺杆式、离心式制冷压缩机组、吸收式制冷机组、蒸汽喷射式制冷机组以及液态氮、液态二氧化碳、盐液等冷剂；现在活塞压缩式制冷机组是国内外主要的冷源制作装置。物料进行冻结的方式有风冷式，浸渍式和冷剂通过金属管、壁和物料接触传热降温。

（七）制剂生产设备

固体药物制剂的制粒过程，通常是采用外加机械力，把软材挤压通过一定孔径的小孔或筛网而完成的，如传统的摇摆式制粒机。常用的制剂设备介绍如下。

1. 螺旋式挤压制粒机

利用螺旋杆的转动推力，把软材压缩后输送至一定孔径的制粒板前部，强迫挤压通过小孔而制粒。

2. 滚压式挤压制粒机

又称微丸磨，其制备过程是将软材投入至滚轴与环形小孔板之间挤压软材通过板上小孔而形成颗粒。

3. 填压式挤压制粒机

较早开发的一种挤压机械，其制备过程是利用圆柱管中活塞的往复运动，把装在管中的物料挤压通过制粒小孔而完成。

（八）物料输送与包装设备

为进行保健食品的灌装，须将包装材料准确、定时、连续地传送至指定位置，并在灌装后及时地将其移出。

1. 片剂包装设备

主要包装医药、化工、保健食品工业产品中圆片状及圆粒状物品。如：糖衣片、素片、钢珠、胶囊等物料的包装。可连续自动完成制袋、计量、充填、封合、分切、计数等包装全过程，并设有光电商标定位装置，还可附加打字、切口等功能。

2. 液态保健食品灌装包装机设备

液态保健食品的灌装种类繁多（如安瓿、输液瓶及药酒瓶灌装等），各种灌装机的灌装原理不尽相同。液体产品的计量方法与灌装时包装容器内的压力状态有关，一般液体保健食品的灌装包括常压灌装、真空灌装和等压灌装三类。保健食品工业中大多采用常压灌装。

第三章　保健食品的安全风险监测

第一节　食品及保健食品的安全风险监测定义

当今社会，随着生活水平的提高和健康意识的增强，人们对饮食的要求提高，食品安全是广受关注的民生话题。随着保健食品进入寻常百姓家，其安全性也引起各方面关注。我们需要明确的是保健食品是食品，所以法律里对食品的所有规定，包括“法律责任”的规定都适用于保健食品。同时，新《食品安全法》把保健食品列为特殊食品，实行比普通食品更加严格的监督管理。

一、食品安全

食品安全，指食品无毒、无害，符合应当有的营养要求，对人体健康不造成任何急性、亚急性或者慢性危害。

食品安全事故，指食源性疾病、食品污染等源于食品，对人体健康有危害或者可能有危害的事故。

根据新《食品安全法》规定，食品安全标准是强制执行的标准。除食品安全标准外，不得制定其他食品强制性标准。

食品安全标准应当包括下列内容。

（1）食品、食品添加剂、食品相关产品中的致病性微生物，农药残留、兽药残留、生物毒素、重金属等污染物质以及其他危害人体健康物质的限量规定；

（2）食品添加剂的品种、使用范围、用量；

（3）专供婴幼儿和其他特定人群的主辅食品的营养成分要求；

（4）对与卫生、营养等食品安全要求有关的标签、标志、说明书的要求；

（5）食品生产经营过程的卫生要求；

（6）与食品安全有关的质量要求；

（7）与食品安全有关的食品检验方法与规程；

（8）其他需要制定为食品安全标准的内容。

二、食品安全风险监测

根据《食品安全风险监测管理规定（试行）》中的定义，食品安全风险监测是通过系统和持续地收集食源性疾病、食品污染以及食品中有害因素的监测数据及相关信息，并进行综合分析和及时通报的活动。

其中，食源性疾病监测是指通过医疗机构、疾病控制机构对食源性疾病及其致病因素的报告、调查和检测等收集的人群食源性疾病发病信息。食品污染是指根据国际食品安全管理的一般规则，在食品生产、加工或流通等过程中因非故意原因进入食品的外来污染物，一般包括金属污染物、农药残留、兽药残留、超范围或超剂量使用的食品添加剂、真菌毒素以及致病微生物、寄生虫等。食品中有害因素是指在食品生产、流通、餐饮服务等环节，除了食品污染以外的其他可能途径进入食品的有害因素，包括自然存在的有害物、违法添加的非食用物质以及被作为食品添加剂使用的对人体健康有害的物质。

国家食品安全风险监测应遵循优先选择原则，兼顾常规监测范围和年度重点，将以下情况作为优先监测的内容。

（1）健康危害较大、风险程度较高以及污染水平呈上升趋势的；

（2）易于对婴幼儿、孕产妇、老年人、病人造成健康影响的；

（3）流通范围广、消费量大的；

（4）以往在国内导致食品安全事故或者受到消费者关注的；

（5）已在国外导致健康危害并有证据表明可能在国内存在的。

食品安全风险监测应包括食品、食品添加剂和食品相关产品。

三、保健食品安全风险监测

《保健食品化妆品安全风险监测工作规范》（国食药监许〔2011〕129号）规定安全风险监测是通过系统和持续地收集保健食品化妆品产品质量状况、产品污染以及产品中有害因素的监测数据及相关信息，并进行综合分析和及时通报的活动。保健食品安全风险监测主要包括抽样，检验产品质量、违法添加物质以及可能影响产品质量安全的物质，综合分析和及时通报等内容。

第六条 国家食品药品监督管理局负责制定国家安全风险监测工作计划并组织实施，指导省级食品药品监督管理部门开展安全风险监测工作。

省级食品药品监督管理部门应按照国家食品药品监督管理局的部署和要求，做好国家安全风险监测工作计划的落实工作。同时，省级食品药品监督管理部门应结合工作实际，制定本辖区安全风险监测工作计划，保证相应经费，并组织实施。

第七条　安全风险监测的内容应遵循优先选择的原则，在兼顾常规监测范围的前提下，将以下情况作为优先监测的重点：

（1）可能含有潜在危害因素的产品；

（2）婴幼儿、孕产妇、老年人、病人等特殊人群使用的产品；

（3）流通范围广、消费量大的产品；

（4）消费者关注度较高的产品；

（5）易违法添加药物、禁用物质或超范围超剂量使用限用物质的产品；

（6）涉嫌虚假夸大宣传误导消费者的产品；

（7）技术上无法避免，导致禁用物质作为杂质带入的产品。

第八条　省级安全风险监测工作方案应包括下列内容：

（1）承担抽样任务的单位名称、负责人及其负责的抽样区域等；

（2）承担检验任务的单位名称、负责人及其负责的检验任务等；

（3）抽检样品的种类、来源、批次和检验项目等；

（4）采样方法、抽样量、样品传递等；

（5）检验项目、方法和依据；

（6）监测数据汇总、分析、报告的要求；

（7）完成时间和结果报送日期；

（8）其他需要说明的事项。

第二节　保健食品的安全风险成因分析

保健食品潜在的安全隐患很多，从原料本身毒性、生产与运输的过程中受到污染、生产工艺改变本身营养特性、人为添加非法物质等，都是可能造成安全风险的原因。

一、保健食品的内源性毒性

1. 中草药的毒性

动植物中药相对安全、毒性较低，但相当一部分中草药内含有毒性物质，也是众所周知的。1980年美国FDA列出10类中药中的有害成分，1991年又提出估计700~1100种中药具有不安全的问题，1992年宣布20种含有毒素的亚洲中药，1994年宣布一批中药含有禁控成分，1996年列出10多种受到管制的中药。

2. 中草药提取物的毒性

相对而言，中草药提取物纯度越高、功效越明显，其毒性就越大。正因为如此，中草药不产生毒性，不代表中草药粗提物和精提物没有毒性。许多中草药成分，如芦荟贰、银杏酸、葛根素、甘草酸、姜黄素等就有较明显的毒性。

二、保健食品的外源性污染

1. 农药、化肥等的污染

中药材种植中大量使用农药、化肥等造成质量不稳定、农药残留量高、有害元素超标等问题直接影响保健食品的安全。

2. 动物源食品、畜产品、水海产品的污染

动物源食品（蜂蜜、蜂王浆等）中的抗生素，水产品中的有害元素（汞、砷、铅等），禽蛋中的激素，杀菌消毒药物残留等。

3. 生产、加工、储存中的污染

因操作加工不洁，仓库污染，储运不当可能造成微生物超标，添加剂超标等。

三、保健食品违法添加化学药物

2012年3月16日，原国家食品药品监督管理局制定并发布了《保健食品中可能非法添加的物质名单（第一批）》，见表3-1。

表3-1 保健食品中可能非法添加的物质名单（第一批）

序号	保健功能	可能非法添加物质名称	检测依据
1	声称减肥功能产品	西布曲明、麻黄碱、芬氟拉明	国家食品药品监督管理局药品检验补充检验方法和检验项目批准件2006004
2	声称辅助降血糖（调节血糖）功能产品	甲苯磺丁脲、格列苯脲、格列齐特、格列吡嗪、格列喹酮、格列美脲、马来酸罗格列酮、瑞格列奈、盐酸吡格列酮、盐酸二甲双胍、盐酸苯乙双胍	国家食品药品监督管理局药品检验补充检验方法和检验项目批准件2009029

续　表

序号	保健功能	可能非法添加物质名称	检测依据
3	声称缓解体力疲劳（抗疲劳）功能产品	那红地那非、红地那非、伐地那非、羟基豪莫西地那非、西地那非、豪莫西地那非、氨基他打拉非、他达拉非、硫代艾地那非、伪伐地那非和那莫西地那非等 PDE5 型（磷酸二酯酶 5 型）抑制剂	国家食品药品监督管理局药品检验补充检验方法和检验项目批准件 2008016，2009030
4	声称增强免疫力（调节免疫）功能产品	那红地那非、红地那非、伐地那非、羟基豪莫西地那非、西地那非、豪莫西地那非、氨基他打拉非、他达拉非、硫代艾地那非、伪伐地那非和那莫西地那非等 PDE5 型（磷酸二酯酶 5 型）抑制剂	国家食品药品监督管理局药品检验补充检验方法和检验项目批准件 2008016，2009030
5	声称改善睡眠功能产品	地西泮、硝西泮、氯硝西泮、氯氮卓、奥沙西泮、马来酸咪哒唑仑、劳拉西泮、艾司唑仑、阿普唑仑、三唑仑、巴比妥、苯巴比妥、异戊巴比妥、司可巴比妥、氯美扎酮	国家食品药品监督管理局药品检验补充检验方法和检验项目批准件 2009024
6	声称辅助降血压（调节血脂）功能产品	阿替洛尔、盐酸可乐定、氢氯噻嗪、卡托普利、哌唑嗪、利血平、硝苯地平	国家食品药品监督管理局药品检验补充检验方法和检验项目批准件 2009032

四、保健食品新原料、新技术的质量安全

1. 新食品原料的开发

新食品原料应当具有食品原料的特性，符合应当有的营养要求，且无毒、无害，对人体健康不造成任何急性、亚急性、慢性或者其他潜在性危害。例如：酵母蛋白、叶蛋白、昆虫蛋白、藻类蛋白，经过适当加工处理，都可进入新食品原料范畴。

2. 新技术的应用

（1）转基因原料：①营养品质改变（营养素与毒素此消彼长，生物利用率改变，营养代谢的变化）。②潜在毒性改变：在打开一种目的基因同时，可能提高了某种天然毒素含量，如马铃薯中龙葵素、木薯或银杏仁中氰化物，豆科中蛋白酶抑制剂等。食品中潜在过敏源或过敏蛋白变化会随着基因进入新植物中，产生过敏性。

（2）纳米、螯合、微胶囊等：主要是改变了原来物质的生物利用率。如纳米级的大豆黄酮片、蜂胶养生宝、芦荟精华素、膳食纤维素等，按常规剂量服用时，可造成吸收大大增加而中毒。

五、进口保健食品的质量安全

因为进口保健食品种类繁多、功能不一，前述保健食品的不安全问题同样存在。如：泰国进口补钙保健食品干鱼骨中铅、镉超标；加拿大进口西洋参中DDT超标。

六、假冒伪劣产品及虚假广告的安全问题

1. 假冒伪劣的保健食品

假冒保健食品是指不法商家逼真地模仿某正规保健食品的包装及内容所生产出来的复制品。这类假冒产品的外包装和内容物（如胶囊、片剂、液体等）的外观与被模仿的正规产品几乎完全一样，但内容物的成分配方却与该保健食品差异很大，有些甚至对身体有害。不法商家生产假冒保健食品的目的是冒充正规保健食品销售而获利。

伪劣保健食品是指不法保健食品企业在没有取得生产许可证、没有履行任何审批检验手续的前提下，私下生产并销售的伪劣产品。这类产品从包装上的品牌、产品名称、功效、成分、生产许可证号、批号到产品内容物都是造假者虚构的，并没有完全仿冒市场上的某种产品。有些伪劣保健食品可能会套用市场上某正规保健食品的批号或许可证，但名称等其他信息都与该正规保健食品不同，这些都称为伪劣保健食品。

假冒保健食品与伪劣保健食品两者的区别是：假冒保健食品是以模仿某正规产品而生产的冒充品；伪劣保健食品则是自己虚构产品包装、信息内容而生产的劣质品。两者的共性是：都属于假货，产品成分、质量、功效都没有经过权威机构检验试验，与包装上的信息不吻合，有些成分甚至对人体有害。

保健食品的违法添加和掺假使假等行为，损害了合法企业的正当权益，严重危害消费者身体健康，扰乱了保健食品市场秩序，是当前保健食品监管部门强化整治和严厉打击的重点。

2. 广告、标签、说明书夸大宣传

2016 年 4 月，国家食品药品监督管理总局曝光两例通过电视媒介发布虚假违法广告的保健食品。上海泰运科技有限公司生产的保健食品“康态胶囊”，广告宣称“使用产品不到 15 天，血压降下来了，畏寒肢冷消失，睡眠香甜；3 个月后，偏瘫的肢体运动正常，晕眩耳鸣消失，视物不清，脖子僵硬等问题也消失”等。北京美诺保健食品厂生产的保健食品“康欣牌波尔特胶囊”，广告宣称“用西药降糖，是一条错误的道路，只会让疾病越来越重。使用当天，感觉身体有了劲，走路不踩棉花；使用 3 个周期，使用降糖针或吃药明显减少，不再嘴馋，敢吃能睡，平稳控糖，恢复糖代谢。告别并发症，重做健康人”。

保健食品广告宣传内容中不科学的功效断言，扩大宣传治愈率或有效率，利用患者名义或形象做功效证明等问题，欺骗和误导消费者，严重危害公众饮食用药安全，有关食品药品监管部门要依法撤销其有效期内的广告批准文号，加大对违法广告的跟踪监测工作力度，严肃查处，并向社会公开处理结果。

第三节　保健食品的安全性评价

保健食品安全风险监测主要包括抽样，检验产品质量、违法添加物质以及可能影响产品质量安全的物质，综合分析和及时通报等内容。《保健食品化妆品安全风险监测工作规范》明确了抽样、检验、分析报告的要求。对于保健食品的检验主要是依据 2003 年版《保健食品检验与评价技术规范》进行安全性评价。

一、抽样

抽样工作严格按照国家有关规定依法开展。抽取的样品应有充分的代表性和真实性，原则上相同品种不得重复抽样。抽样地点由抽样人员根据被抽样方的实际情况确定，一般为保健食品化妆品生产经营单位的仓库或者经营单位的营业场所。抽样前应对产品的行政许可证明（备案凭证）和标签等进行检查。对未取得行政许可（备案）擅自进行生产经营的行为，依据监管职能进行处理，并不再抽样检验。

抽样时应检查产品检验合格证明和储存条件，未经检验、检验不合格或储存条件不符合要求的不得抽样。抽取的样品应为定型包装且包装完整，标签标示的产品名称、批准文号、生产批号、生产日期、保质期、生产企业名称和地址等信息应齐全。原则上抽样日期距样品保质期满应不少于6个月。

抽样人员应严格按照抽样程序进行抽样、分样、封样、编号及留样。应将包装好的样品完全密封，防止样品在运输及交接过程中交叉污染和包装破损。抽样人员应妥善保存所抽取的样品，防止样品变质。对贮存条件有特殊要求的样品，应采用适宜的容器和设备进行保存。

二、安全性评价

安全性评价的基本原则：一是证明产品安全的可以减免进行安全性评价试验，包括以普通食品原料和《既是食品又是药品的物品名单》为原料的产品；原料已被批准为新资源食品；单一营养素成分且其含量经理化检验在安全范围内的。二是产品必须按《食品安全国家标准 食品安全性毒理学评价程序》（GB 15193.1—2014）的规定完成安全性评价试验。具体实验方法参照2003年版《保健食品检验与评价技术规范》，主要涉及的试验包括以下14项：急性毒性试验、鼠伤寒沙门菌/哺乳动物微粒体酶试验、骨髓细胞微核试验、哺乳动物骨髓细胞染色体畸变试验、小鼠精子畸形试验、小鼠睾丸染色体畸变试验、显性致死试验、体外哺乳动物细胞（V79）基因突变试验、小鼠淋巴瘤细胞L5178YTK基因突变试验、30天喂养试验、90天喂养试验、大鼠致畸试验、大鼠繁殖试验、慢性毒性试验。

三、分析评价和报告

检验机构应按照安全风险监测工作方案的要求，对安全风险监测数据、结果进行分析评价，撰写安全风险监测工作报告。安全风险监测工作报告应包括以下内容：

（1）摘要；

（2）监测工作组织实施情况；

（3）监测结果及评价分析；

（4）存在的问题及原因分析；

（5）风险管理策略与建议；

（6）其他需要说明的事项。

第四节　保健食品的风险监测相关措施

为保障保健食品质量安全，有效预防和控制保健食品质量安全事件的发生，促进保健食品行业又好又快地健康发展，相关监管部门一直在加强保健食品安全风险控制体系建设、风险监测和预警平台建设，并制定了食品生产经营风险分级管理。同时，针对市场上的违法违规行为进行严厉打击，以期建立良好的市场秩序，降低保健食品的安全风险。

一、安全风险控制体系建设

2011 年 3 月 28 日，原国家食品药品监督管理局发布的《关于加快推进保健食品化妆品安全风险控制体系建设的指导意见》(国食药监许［2011］132 号)提出“一个平台、四个网络”的体系建设思路。

(一) 构建“一个平台”

充分利用信息化手段，建立覆盖国家、省、地（市）三个层级的系统内部开放性保健食品化妆品安全风险监测和预警平台，收集汇总各类保健食品化妆品安全风险信息，开展分析评估，通过平台实施预警，实现各类安全风险信息在监管系统内部的快速交换与传达，通过对各类安全风险信息的分析、研判，快速实施或调整风险管理措施。

(二) 完善“四个网络”

关于保健食品安全风险监测的主要有其中的 3 个方面。

(1) 评价监测网络　建立覆盖全国的保健食品化妆品安全监测点，通过对生产、流通领域的保健食品化妆品持续、定期、随机的检验和分析，对全国各地保健食品化妆品质量安全状况作出科学、客观的评价，综合反映我国保健食品化妆品质量安全的总体状况，为进一步开展风险评估、风险交流和风险管理提供依据。

(2) 安全风险监测网络　根据科学研究的进展，全面开展保健食品化妆品安全风险监测和保健食品再评价工作。定期开展各类保健食品中微生物、重金属、农药残留量以及功效或标志性成分含量及化妆品中禁限用物质、可能存在的安全风险物质等监测项目，根据监测结果，对产品不安全或不具备声称功能的，及时予以处理，进一步提高或完善保健食品化妆品原料要求及其产品技术要求。

（3）监督检验网络　以食品药品监督管理部门日常保健食品化妆品监管工作为基础，重点对风险程度较高、流通范围较广、消费量较大以及受到消费者关注、易违法添加药物和禁用物质或超量超范围使用限用物质的保健食品化妆品开展针对性监督检验工作，构建覆盖全国的保健食品化妆品监督检验网络，为监管部门提供各类日常监管数据。

二、保健食品风险监测和预警平台建设

为有效预防和控制保健食品质量安全事件的发生，原国家食品药品监督管理局建立保健食品安全风险监测预警平台的方案，拟实现保健食品风险监测数据的收集、分析、研判和预警的信息化，为建立我国保健食品化妆品安全风险控制体系奠定基础。2013 年 1 月原国家食品药品监督管理局发布《关于征求〈保健食品化妆品风险监测和预警平台建设方案（征求意见稿）〉意见的函》，方案中提到总体工作分为四个主要步骤：一是风险预警调研，二是拟定研发预警软件平台系统方案，三是平台软件编程制作，四是试运行与验收。其中，软件编制又包括三个阶段：第一阶段，实现风险监测数据的报送功能；第二阶段，建立相关的其他资源数据库，实现风险监测数据的统计分析功能；第三阶段，实现并逐步完善预警功能。保健食品风险监测和预警平台设计遵循先进性、规范化、兼容性、可扩展性、开放型、技术和管理相结合的原则。

三、打击保健食品“四非”专项行动

为进一步加强保健食品监管，整顿和规范保健食品市场秩序，严厉打击保健食品非法生产、非法经营、非法添加和非法宣传（下称“四非”）等违法违规行为，2013 年 5 月 20 日，国家食品药品监督管理总局全面部署打击保健食品“四非”专项行动。行动利用五个月的时间，以打击“四非”、拒绝假劣、净化市场、保障安全为主要目标，以重点产品、重点企业、重点区域、重点案件为突破口，主要采取摸底排查、突击检查、公开曝光的方式，主动出击，重典治乱，在全国范围内形成打击保健食品生产经营违法违规行为的高压态势，促进保健食品生产经营秩序进一步好转，切实保护消费者合法权益。

打击保健食品“四非”行为。一是打击保健食品非法生产行为，主要包括：地下黑窝点生产保健食品；企业未经许可生产保健食品；在生产过程中偷工减料、掺杂掺假或者不按照批准内容生产保健食品；生产的保健食品存在重金属、微生物超标等质量问题；违法违规委托生产等行为。二是打击保健食品非法经营行为，主要包括：未经食品流通许可或保健食品流通许可经营保健食品；经营假冒保健食品文号、标志以及未经批准声称特定保健功能产品；经营保健食品产品质量不合格或来源不明；以会议、讲座等形式违法销售保健食品；市场开办者对入场的保健食品经营者未履行市场开办责任等行为。三是打击保健食品非法添加行为，主要包括：在生产减肥、辅助降血糖、缓解体力疲劳、辅助降血压等保健食品中非法添加药物；明知保健食品存在非法添加药物，仍然继续经营等行为。四是打击保健食品非法宣传行为，主要包括：在保健食品标签、说明书、广告中夸大功能范围；宣称保健食品具有疾病预防或治疗功能；虚构保健食品监制、出品、推荐单位信息；未经审查发布保健食品广告；不按照保健食品广告审查内容发布广告等行为。

四、食品生产经营风险分级管理

新《食品安全法》明确了食品安全工作实行风险管理的原则，并提出了实施风险分级管理的要求。为了强化食品生产经营风险管理，科学有效实施监管，落实食品安全监管责任，保障食品安全，国家食品药品监督管理总局研究制定了《食品生产经营风险分级管理办法（试行）》，并于2016年12月1日实施。《食品生产经营风险分级管理办法（试行）》适用于婴幼儿配方乳粉、特殊医学用途配方食品、保健食品等特殊食品的生产经营风险分级管理。

按照中华人民共和国国家标准《风险管理 术语》（GB/T 23694—2013），风险指不确定性对目标的影响。风险管理是在风险方面，指导和控制组织的协调活动。食品生产经营风险分级管理是指食品药品监督管理部门以风险分析为基础，结合食品生产经营者的食品类别、经营业态及生产经营规模、食品安全管理能力和监督管理记录情况，按照风险评价指标，划分食品生产经营者风险等级，并结合当地监管资源和监管能力，对食品生产经营者实施的不同程度的监督管理。

监管实务篇

第四章 保健食品监管法规体系

第一节 保健食品监管的主要职责与任务

一、保健食品监管体制和职责分工

随着人民生活水平的提高，公众的保健意识不断增强，保健食品越来越受到消费者的青睐。据统计，我国对“营养与保健食品”的消费需求目前已接近万亿，高的消费需求促进了保健食品产业的蓬勃发展，保健食品行业已进入快速发展阶段，促进保健食品产业健康发展是弘扬我国传统养生文化的需要，加强保健食品监管是保障人民群众食用安全的需要，健全相关法律法规制度是保健食品监管工作走向法制轨道的需要。我国保健食品产业法律法规和监管体系的形成和发展经历了从无序到有序、从单一到系统、从盲从到规范、从被动到科学的历程。1995 年,《中华人民共和国食品卫生法》颁布，首次确立了保健食品的法律地位。1996 年,《保健食品管理办法》颁布，首次规范了政府对保健食品的监督管理。2009 年,《食品安全法》实施，首次从食品安全的全新视角提出了对保健食品严格要求。2015 年新《食品安全法》将保健食品与特殊医学用途配方食品和婴幼儿配方食品一起纳入“特殊食品”一节，强调了对保健食品比普通食品更加严格地监督管理。明确保健食品的申报采用注册和备案“双轨制”管理，改变了过去单一的产品注册制度，使我国保健食品监管制度由“逐个注册审批”的单一管理模式向“注册与备案相结合”的分类管理模式逐步过渡，是保健食品监管模式的一次重大制度变革。

对保健食品企业而言，单一的注册审批制申报程序较为复杂、时限较长、新功能的申报比较困难、企业的先期投入的增加导致企业的经济投入过大，从而在一定程度上降低了企业进行产品创新的积极性，限制了其创新发展。同时，对政府监管机构而言，产品重复审批现象严重、占用过多的行政资源，增加行政成本的投入，造成国家资源的浪费，并容易滋生腐败，过多注重注册审批，过于强调市场准入而忽视了市场监督管理。

建立以风险评估为基础的分类监管体制，根据风险分级的管理原则，放宽了市场准入条件，对部分风险较低的保健食品实施备案制，有利于避免相同成分产品的重复审批、重复检测，节约了企业成本，释放了政府监管资源。监管者集中部分精力用于保证获得审批的保健食品的质量，为这些保健食品提供合理并充分的质量保证，同时还可以将大部分精力集中于政府的日常监管中，将“注册环节”与“监督管理环节”有效结合，充分利用有限的政府资源，为保健食品企业提供了良好的生存环境，同时也尽最大的监管能力来维护消费者的合法权益，实现保健食品安全的全程监管。

食品安全具有公共产品的属性，需要政府监管部门的介入，但是食品安全的监管不仅仅是政府的事情，也需要企业、消费者和其他社会组织的参与。新《食品安全法》明确规定了国务院食品药品监督管理部门对食品生产经营活动实施监督管理；国务院卫生行政部门组织开展食品安全风险监测和风险评估，会同国务院食品药品监督管理部门制定并公布食品安全国家标准；食品生产经营者对其生产经营的食品负责。保健食品安全监管以政府的监管为主体，但也离不开生产经营者的参与，食品生产经营者作为食品安全第一责任人，承担着确保食品安全的法律责任和义务。保健食品管理从法律层面上确认了统一权威的食品安全监管机构，由几个部门分段监管改为由国务院食品药品监督管理部门统一监管，终结了普通食品宣称保健功能无任何部门监管所导致的保健食品企业发展无序状态，对国家、行业以及消费者都是有利的。

二、保健食品监管的主要职责

新《食品安全法》将既往的保健食品单一“注册制”修订为“注册与备案相结合”的监管制度，并明确了注册和备案的范畴，也规定了“使用保健食品原料目录以外原料的保健食品和首次进口的保健食品应当经国务院食品药品监督管理部门注册。但是，首次进口的保健食品中属于补充维生素、矿物质等营养物质的，应当报国务院食品药品监督管理部门备案。其他保健食品应当报省、自治区、直辖市人民政府食品药品监督管理部门备案”。监管权限的相对集中、双轨制监管模式的实施、法律法规体系、安全标准体系、科技支撑体系、风险管理与控制体系、应急管理体系、安全监管信息体系、信用管理体系、培训教育与宣传体系、消费者权益保护体系等一系列安全监管要素的进一步建立，实现了构建和完善保健食品生产经营全过程的监督管理体系。

保健食品生产经营全过程的监督管理，涉及市场准入的监督管理、生产环节质量控制的监督管理、保健食品经营的监督管理、保健食品市场的监督管理等方面。

市场准入的监督管理包括：新产品研发试制；注册申请人的资格；现场核查制度；产品注册标准与企业标准；原辅料管理；科学的评价方法和对功能声称的研究；审评与注册的管理；备案的管理；产品标签与说明书的管理；清理换证与再注册。

生产环节质量控制的监督管理包括：完善保健食品生产准入制度；规范生产要素，强化和完善日常管理；对委托加工生产方式的监管；质量控制监管。

保健食品经营的监督管理包括：储运与采购的监管；对零售行为的监管；销售人员行为的规范。

保健食品市场的监督管理包括：建立和完善市场抽检制度，广告监管，举报投诉制度，市场监测，专项整治。

三、保健食品监管的主要任务

新《食品安全法》将保健食品与特殊医学用途以及婴幼儿配方食品一并正式列入严格监督管理的品种范围，并明确规定保健食品声称保健功能，应当具有科学依据，不得对人体产生急性、亚急性或者慢性危害。这一被誉为“史上最严”的《食品安全法》施行后，对保健食品严格监管的主要任务包括以下几个方面。

严格保健食品原料监管。一是关于保健食品原料目录和允许保健食品声称的保健功能目录的制定调整及公布；二是要求保健食品原料目录应当包括名称、用量及其对应的功效；三是要求列入保健食品原料目录的原料只能用于保健食品生产，不得用于其他食品生产。

严格保健食品生产监管。一是要求保健食品生产企业应当按照注册或者备案的产品配方、生产工艺等技术要求组织生产；二是保健食品生产企业应当按照良好生产规范的要求建立与所生产食品相适应的生产质量管理体系，定期对该体系的运行情况进行自查，保证其有效运行，并定期向食品药品监督管理部门提交自查报告；三是食品药品监管等部门必须将保健食品生产过程中的添加行为和按照注册或者备案的技术要求组织生产的情况，保健食品标签、说明书以及宣传材料中有关功能宣传的情况作为食品安全年度监督管理计划中的监管重点。

严格保健食品注册与备案监管。一是要求使用保健食品原料目录以外原料的保健食品必须经国务院食品药品监管部门注册；二是首次进口的保健食品也必须经国务院食品药品监管部门注册；三是依法应当注册的保健食品，注册时应当提交保健食品的研发报告、产品配方、生产工艺、安全性和保健功能评价、标签、说明书等材料及样品，并提供相关证明文件；四是对使用保健食品原料目录以外原料的保健食品作出准予注册决定的，应当及时将该原料纳入保健食品原料目录；五是依法应当备案的保健食品，备案时应当提交产品配方、生产工艺、标签、说明书以及表明产品安全性和保健功能的材料。

严格保健食品标签说明书监管。一是保健食品的标签、说明书不得涉及疾病预防、治疗功能，内容应当真实，与注册或者备案的内容相一致；二是必须载明适宜人群、不适宜人群、功效成分或者标志性成分及其含量等；三是必须声明“本品不能代替药物”；四是保健食品的功能和成分应当与标签、说明书相一致。

严格保健食品广告监管。一是保健食品广告的内容应当真实合法，不得含有虚假内容，不得涉及疾病预防、治疗功能；二是保健食品生产经营者必须对广告内容的真实性、合法性负责；三是保健食品广告应当声明“本品不能代替药物”；四是广告具体内容应当经生产企业所在地省级食品药品监督管理部门审查批准，取得保健食品广告批准文件；五是省级食品药品监督管理部门应当公布并及时更新已经批准的保健食品广告目录以及批准的广告内容。

严厉保健食品违法处罚。一是对生产经营未按规定注册的保健食品或者未按注册的产品配方、生产工艺等技术要求组织生产的，依法由县级以上食品药品监督管理部门进行处罚。二是保健食品生产企业未按规定向食品药品监督管理部门备案，或者未按备案的产品配方、生产工艺等技术要求组织生产的，依法由县级以上食品药品监督管理部门处理。三是保健食品生产企业未按规定建立生产质量管理体系并有效运行，或者未定期提交自查报告的，依法由县级以上食品药品监督管理部门处理。四是对保健食品的生产、注册、经营、使用、广告宣传、进口出口、标签标识等要求，国务院食品药品监管部门将依照新《食品安全法》制定有针对性的、可操作性强的配套规章规范以及具体管理办法，对涉及保健食品的违法行为作出严厉的处罚规定，从而实现对保健食品真正意义上的严格监管。

第二节　我国保健食品的相关规定及监管体系

保健食品具有公共产品的属性，其需求和供给无法仅仅依靠市场机制来进行自我调节，因此保健食品安全需要政府的有效监管，以应对“市场失灵”。20世纪80年代以来，我国保健食品经历了时起时落的发展过程。到90年代初，由于保健食品长期处于无法可依，无章可循的状态，保健食品出现了诸多问题。民以食为天，无论哪类食品，都必须纳入法制化管理的轨道，保健食品作为一类特殊食品也应当做到有法可依、有法必依、执法必严、违法必究，只有这样，才能保障大众的健康。为了促进保健食品产业的健康发展，对保健食品的监管需要建立了一系列法律法规及相关规范性文件和技术标准。

一、保健食品相关法律法规

（一）《中华人民共和国食品卫生法》（1995年10月30日，中华人民共和国主席令第59号公布，2009年6月1日废止）

1995年10月30日公布实施的《中华人民共和国食品卫生法》，将保健食品的生产经营纳入了法制化管理轨道。该法第二十二条、第二十三条明确了保健食品的法律地位，对加强保健食品监管，保障人民群众身体健康，具有重要意义。

（二）《中华人民共和国食品安全法》（2009年2月28日，中华人民共和国主席令第九号公布，2015年10月1日废止）

第五十一条　国家对声称具有特定保健功能的食品实行严格监管。有关监督管理部门应当依法履职，承担责任。具体管理办法由国务院规定。

声称具有特定保健功能的食品不得对人体产生急性、亚急性或者慢性危害，其标签、说明书不得涉及疾病预防、治疗功能，内容必须真实，应当载明适宜人群、不适宜人群、功效成分或者标志性成分及其含量等；产品的功能和成分必须与标签、说明书相一致。

（三）《中华人民共和国食品安全法》（2015年4月24日，中华人民共和国主席令第二十一号公布，2015年10月1日起施行）

第七十四条　国家对保健食品、特殊医学用途配方食品和婴幼儿配方食品等特殊食品实行严格监督管理。

第七十五条　保健食品声称保健功能，应当具有科学依据，不得对人体产生急性、亚急性或者慢性危害。

保健食品原料目录和允许保健食品声称的保健功能目录，由国务院食品药品监督管理部门会同国务院卫生行政部门、国家中医药管理部门制定、调整并公布。

保健食品原料目录应当包括原料名称、用量及其对应的功效；列入保健食品原料目录的原料只能用于保健食品生产，不得用于其他食品生产。

第七十六条　使用保健食品原料目录以外原料的保健食品和首次进口的保健食品应当经国务院食品药品监督管理部门注册。但是，首次进口的保健食品中属于补充维生素、矿物质等营养物质的，应当报国务院食品药品监督管理部门备案。其他保健食品应当报省、自治区、直辖市人民政府食品药品监督管理部门备案。

进口的保健食品应当是出口国（地区）主管部门准许上市销售的产品。

第七十七条　依法应当注册的保健食品，注册时应当提交保健食品的研发报告、产品配方、生产工艺、安全性和保健功能评价、标签、说明书等材料及样品，并提供相关证明文件。国务院食品药品监督管理部门经组织技术审评，对符合安全和功能声称要求的，准予注册；对不符合要求的，不予注册并书面说明理由。对使用保健食品原料目录以外原料的保健食品作出准予注册决定的，应当及时将该原料纳入保健食品原料目录。

依法应当备案的保健食品，备案时应当提交产品配方、生产工艺、标签、说明书以及表明产品安全性和保健功能的材料。

第七十八条　保健食品的标签、说明书不得涉及疾病预防、治疗功能，内容应当真实，与注册或者备案的内容相一致，载明适宜人群、不适宜人群、功效成分或者标志性成分及其含量等，并声明“本品不能代替药物”。保健食品的功能和成分应当与标签、说明书相一致。

第七十九条　保健食品广告除应当符合本法第七十三条第一款的规定外，还应当声明“本品不能代替药物”；其内容应当经生产企业所在地省、自治区、直辖市人民政府食品药品监督管理部门审查批准，取得保健食品广告批准文件。省、自治区、直辖市人民政府食品药品监督管理部门应当公布并及时更新已经批准的保健食品广告目录以及批准的广告内容。

第八十二条 保健食品、特殊医学用途配方食品、婴幼儿配方乳粉的注册人或者备案人应当对其提交材料的真实性负责。

省级以上人民政府食品药品监督管理部门应当及时公布注册或者备案的保健食品、特殊医学用途配方食品、婴幼儿配方乳粉目录，并对注册或者备案中获知的企业商业秘密予以保密。

保健食品、特殊医学用途配方食品、婴幼儿配方乳粉生产企业应当按照注册或者备案的产品配方、生产工艺等技术要求组织生产。

第八十三条 生产保健食品，特殊医学用途配方食品、婴幼儿配方食品和其他专供特定人群的主辅食品的企业，应当按照良好生产规范的要求建立与所生产食品相适应的生产质量管理体系，定期对该体系的运行情况进行自查，保证其有效运行，并向所在地县级人民政府食品药品监督管理部门提交自查报告。

（四）《中华人民共和国食品安全法实施条例》（2009 年 7 月 20 日，中华人民共和国国务院令第 557 号公布施行）

第六十三条 食品药品监督管理部门对声称具有特定保健功能的食品实行严格监管，具体办法由国务院另行制定。

（五）《中华人民共和国广告法》（2015 年 4 月 24 日，主席令第 22 号发布，2015 年 9 月 1 日施行）

该法第十八条规定保健食品广告禁止代言，禁止涉及治疗功能。新闻媒体不得变相发布保健食品广告。

二、保健食品相关监督规章

1.《保健食品管理办法》（1996 年 3 月 15 日，卫生部令第 46 号发布，1996 年 6 月 1 日起实施）

正文共 7 章 35 条，对保健食品的定义，审批，生产经营，标签、说明书及广告宣传，监督管理，罚则等作出了具体规定。

2.《保健食品注册与备案管理办法》（2016 年 2 月 27 日，国家食品药品监督管理总局令第 22 号发布，2016 年 7 月 1 日起施行）

该办法共 8 章 75 条。根据新《食品安全法》，调整了保健食品上市的管理模式，优化了保健食品注册程序，强化了保健食品注册证书的管理，明确了保健食品的备案要求，严格规定了保健食品的命名，强化了对保健食品注册和备案违法行为的处罚。

3.《食品生产许可管理办法》（2015 年 8 月 31 日，国家食品药品监督管理总局令第 16 号发布，2015 年 10 月 1 日起施行）

该办法共 8 章 62 条，包括：申请受理，审查决定，许可证管理，变更、延续、补办与注销，监督检查，法律责任等方面的规定。对保健食品的相关规定如下。

第七条 保健食品、特殊医学用途配方食品、婴幼儿配方食品的生产许可由省、自治区、直辖市食品药品监督管理部门负责。

第十二条 保健食品生产工艺有原料提取、纯化等前处理工序的，需要具备与生产的品种、数量相适应的原料前处理设备或者设施。

第十四条 申请保健食品、特殊医学用途配方食品、婴幼儿配方食品的生产许可，还应当提交与所生产食品相适应的生产质量管理体系文件以及相关注册和备案文件。

第二十条 申请保健食品、特殊医学用途配方食品、婴幼儿配方乳粉生产许可，在产品注册时经过现场核查的，可以不再进行现场核查。

第二十八条 生产保健食品、特殊医学用途配方食品、婴幼儿配方食品的，还应当载明产品注册批准文号或者备案登记号；接受委托生产保健食品的，还应当载明委托企业名称及住所等相关信息。

第三十五条 保健食品、特殊医学用途配方食品、婴幼儿配方食品的生产企业申请延续食品生产许可的，还应当提供生产质量管理体系运行情况的自查报告。

第三十七条 保健食品、特殊医学用途配方食品、婴幼儿配方食品注册或者备案的生产工艺发生变化的，应当先办理注册或者备案变更手续。

4.《食品经营许可管理办法》（2015 年 8 月 31 日，国家食品药品监督管理总局令第 17 号发布，2015 年 10 月 1 日起施行）

该办法共 8 章 56 条，根据新《食品安全法》《中华人民共和国行政许可法》等法律法规制定，为规范食品经营许可活动，加强食品经营监督管理，保障食品安全。该办法规定保健食品应当按照食品经营主体业态和经营项目分类提出食品经营许可。

5.《食品安全抽样检验管理办法》（2014年12月31日，国家食品药品监督管理总局令第11号发布，2015年2月1日起施行）

该办法共7章53条，适用于食品安全监督抽检和风险监测的抽样工作，对抽样计划、抽样程序、样品检验、问题处理及相关法律责任等作出了具体规定。保健食品的抽样检验也依从此办法。

三、保健食品相关规范性文件

（一）产品注册方面

《总局关于印发保健食品注册审评审批工作细则的通知》（2016年11月14日，食药监食监三〔2016〕139号发布）

针对注册受理、技术审评、行政审查、证书制作及信息公开等作出了具体规定，适用于使用保健食品原料目录以外原料的保健食品和首次进口的保健食品（不包括补充维生素、矿物质等营养物质的保健食品）新产品注册、延续注册、转让技术、变更注册、证书补发等的审评审批工作。

（二）生产经营管理方面

1.《总局关于印发食品生产许可审查通则的通知》（2016年8月9日，食药监食监一〔2016〕103号发布，2016年10月1日起施行）

《食品生产许可审查通则》细化了《食品生产许可管理办法》的相关规定，分正文和附件两个部分。保健食品的相关规定如下。

第八条 申请人申请食品生产许可的，应当提交食品生产许可申请书、营业执照复印件、食品生产加工场所及其周围环境平面图、食品生产加工场所各功能区间布局平面图、工艺设备布局图、食品生产工艺流程图、食品生产主要设备设施清单、食品安全管理制度目录以及法律法规规定的其他材料。

申请保健食品、特殊医学用途配方食品、婴幼儿配方食品的生产许可，还应当提交与所生产食品相适应的生产质量管理体系文件以及相应的产品注册和备案文件。

第九条 申请变更的，应当提交食品生产许可变更申请书、食品生产许可证（正本、副本）、变更食品生产许可事项有关的材料以及法律法规规定的其他材料。

保健食品、特殊医学用途配方食品、婴幼儿配方食品的生产企业申请变更的，还应当就申请人变化事项提交与所生产食品相适应的生产质量管理体系文件，以及相应的产品注册和备案文件。

第十条 申请延续的，应当提交食品生产许可延续申请书、食品生产许可证（正本、副本）、申请人生产条件是否发生变化的声明、延续食品生产许可事项有关的材料以及法律法规规定的其他材料。

保健食品、特殊医学用途配方食品、婴幼儿配方食品的生产企业申请延续食品生产许可的，还应当就申请人变化事项提供与所生产食品相适应的生产质量管理体系运行情况的自查报告，以及相应的产品注册和备案文件。

第三十七条 申请变更及延续的，申请人声明其生产条件发生变化的，审查部门应当依照本通则的规定就申请人声明的生产条件变化情况组织现场核查。

经注册或备案的保健食品、特殊医学用途配方食品、婴幼儿配方食品生产工艺发生变化的，相关生产企业应当在办理食品生产许可的变更前，办理产品注册或者备案变更手续。

2.《卫生部关于印发保健食品良好生产规范审查方法与评价准则的通知》（2003 年 4 月 2 日，卫法监发〔2003〕77 号公布）

《保健食品良好生产规范审查方法与评价准则》对保健食品 GMP 的审查内容、审查程序及评价准则作出了具体规定。

3.《食品药品监管总局关于印发食品经营许可审查通则（试行）的通知》（2015 年 9 月 30 日，食药监食监二〔2015〕228 号发布，2015 年 10 月 1 日实施）

《食品经营许可审查通则（试行）》共 6 章 58 条，细化了《食品经营许可管理办法》。

4《关于印发保健食品命名规定和命名指南的通知》（2012 年 3 月 15 日，国食药监保化〔2012〕78 号发布）

《保健食品命名规定》和《保健食品命名指南》对保健食品命名原则、禁用内容、通用名及属性名等作出了具体规定。

（三）其他方面

《关于印发〈保健食品广告审查暂行规定〉的通知》（2005 年 5 月 24 日，国食药监市〔2005〕211 号发布，2005 年 7 月 1 日起施行）

该暂行规定对保健食品的发布申请资料、广告内容、广告形式、批准文号格式、时效及违法处罚等作出了具体规定。其中规定：保健食品广告批准文号为“X 食健广审（X1）第 X2 号”。其中“X”为各省、自治区、直辖市的简称；“X1”代表视、声、文；“X2”由 10 位数字组成，前 6 位代表审查的年月，后 4 位代表广告批准的序号。

四、保健食品相关工作文件

（一）产品注册方面

《总局关于实施〈保健食品注册与备案管理办法〉有关事项的通告》（国家食品药品监督管理总局 2016 年第 103 号发布）。

《总局关于实施〈保健食品注册与备案管理办法〉有关事项的通知》（2016 年 6 月 30 日食药监食监三〔2016〕81 号发布）。

（二）生产经营方面

《关于印发保健食品生产和经营企业日常监督现场检查工作指南的通知》（2010 年 8 月 6 日，食药监办许〔2010〕88 号发布）

规定了保健食品生产经营日常监督现场检查的具体工作内容，对检查人员、检查计划及准备、实施检查方法、检查重点内容、主要检查方式、处理措施等作出了具体规定。

（三）其他方面

《关于做好保健食品广告审查工作的通知》（2005 年 6 月 1 日，国食药监市〔2005〕252 号发布）

该通知要求提高对保健食品广告审查工作的认识，依法审查，严把保健食品广告准入关，并提出必须使用“保健食品广告审查电子政务系统”进行保健食品广告的受理和审批。

第三节　国外的主要保健食品监管体系

一、美国保健食品监管体系

美国国会赋予政府管理食品健康声称和膳食补充剂的原则是在严格防止

不安全或伪劣产品进入市场的同时，不应采取不合理的管理措施对合格产品的上市制造障碍；因此对于声称管理的最终目的在于保障消费者获得安全食品的权益。

美国FDA对食品原料安全性的管理主要有两方面内容：公认安全物质（GRAS）的备案和食品添加剂的上市前许可。

关于膳食补充剂的成分和营养含量的标签，应标示每一成分的名称和含量。若是专利产品，应标示混合成分的总量。草药产品必须说明草药、植物的部位。营养素补充剂必须符合官方的标准，标列出每一种营养素含量，并标明占该种营养素每日膳食推荐供给量（RDA）的百分比。在没有RDA规定的营养素，也要在标签中列出。标签还须列出每次补充剂的使用量及其中特定成分的量。

对膳食补充剂的功能信息可以使用文章报道和出版物形式介绍给消费者，但这些信息不得与产品的销售发生直接联系（标签除外）。这些信息不得虚假或者误导消费者。不能在生产商或某一特殊品牌销售时附送。FDA负责监督这些资料是否真实，是否有错误导向。

二、欧盟保健食品监管体系

欧盟《营养和健康声称法规》规定了能够进行声称的食品种类以及对食品成分的要求、声称用语的表述要求和声称的申报流程。该法规将健康声称分为两类，一类为第13款规定的不涉及儿童和疾病风险的一般健康声称，另一类为第14款规定的涉及儿童和疾病风险的健康声称。第13款所述一般健康声称由欧盟统一公布列表，这一列表之外的一般健康声称、对列表内的声称用语的修改（13.5款）和14款规定的健康声称，需要由有关企业等机构申报，经过欧洲食品安全局的科学审核，再经欧盟议会批准，以健康声称列表的形式发布。此列表中的声称在所限定的条件下，欧盟各国的不同企业都可以使用。Regulation（EC）No. 1924/2006中第13款范围内一般健康声称的列表，原计划2010年1月31日公布，但是由于收到声称建议超过4万，经过筛选汇总为4000余条，科学审查的工作量大大超过预期，拖延到2011年7月才完成。其中部分涉及植物化学成分等申请另案进行，余下的2500余项申请仅有200余项在2011年12月初获得欧盟立法部门的批准。

由于欧盟由多个国家组成，对于市场的管理，各国可以根据各自的情况采取相应的方式，但不得歧视任何使用健康声称的产品。在一定条件下，可根据各自食用安全情况和声称的科学证据认识，在本土暂时限制使用有关声称产品的销售。

欧盟对制剂形式食物补充剂的管理，参照《食物补充剂法规》(Commission Directive 2002/46/EC) 执行。这部法规有关可以使用的原料名单中，目前仅公布了维生素和矿物质名单，并且有意严格限制添加量。如果按照这样的规定执行，很多产品则必须下架，因此，在欧盟一些国家引起了争议。

三、日本保健食品监管体系

不同于美国等健康声称管理的名单制度和结构功能声称的备案制度，日本《营养改善法》规定，对于“特定保健用食品”实行产品注册许可制度，严控产品市场准入要求和审批程序。申请“特定保健用食品”前，申请人必须首先自行进行安全性和功能性的试验研究，试验结果需要发表在有影响力的学术杂志上。申请人在申报时，必须将试验结果和发表的论文一起提交。另外，申请人还须将样品送交国立健康营养研究所或其他获得日本厚生劳动省认可的检验机构进行功效成分含量的检测，然后按规定向政府主管机构提交申报资料和样品。现行的政府主管机构为消费者事务厅，由其食品标签部组织两个专业组织或委员会对申报产品的功能和安全性进行评价，另外在审核申报资料的同时，还将对申报产品的功效成分含量进行复核检测。政府主管机构对特定保健用食品的标签着重审验功效成分及产品标签宣传式样。其标签要求与普通食品大致相同，此外还需列出食用方法和推荐摄入量，经批准允许使用的保健声称，必须标明“不能预防或治疗疾病”，以区别药品，同时加印政府批准的标志。

四、加拿大保健食品监管体系

相对于日本、美国和欧盟将“保健食品”定位于食品的管理，加拿大政府的管理将声称具有保健作用的食品和膳食补充剂定位于食品与药物之间一类产品，天然健康产品，并实行产品的逐一注册许可的管理制度。

所有的天然健康产品在销售之前，申请人必须将包括产品的功效成分组成、来源、作用、非功效组分和推荐使用人群和剂量等详细信息递交加拿大卫生部，对符合要求的颁发产品许可证。在产品包装、标签和健康声称等方面要求的标签信息包括生产商、进口商名称和地址、产品名称、产品号、批号、包装规格、推荐使用条件(包括推荐使用者及目的，剂型、服用方法、推荐剂量、保质期以及提示性声称、警告、副作用及可能的不良反应）以及建议储存条件。同时，还应包括每个药用组分或非药用组分，对药用组分，应有来源物质的描述。

《天然健康产品法规》提出在该法出台的同时，也应考虑在专家顾问委员会（EAC）的帮助下，建立一个天然健康产品使用的草药管理清单，列入该清单的草药品种将按天然保健食品的有关规定进行管理。目前正在完成 NHPs 的品种手册，该手册出台后，将作为天然健康产品许可证申请的重要依据，列入品种手册的 NHPs 一般不再需要申请人提供其他安全性、有效性的信息支持资料和证据。

在申请人申请产品许可证时，如果产品未列入品种手册，就需要提供该产品安全性和有效性的充足证据以支持产品注册及健康宣称。为此，《天然健康产品法规》配套制订了一个“证据标准”（Standard Of Evidence，SOE）文件，指导申请者准备必须提交的有关 NHP 产品的安全性和有效性证据和资料。证据的水平将与有关产品的安全性范围保持一致，以保证产品在没有品种手册的情况下，通过诸如传统使用历史、传统文献等方面的支持获得许可。证据将不仅限于双盲临床试验，而且也包括其他形式的证据，如被接受的传统文献，加拿大药典和处方集、专家和机构的专业性意见、其他形式的临床试验和其他临床和科学数据等。

第五章　保健食品的注册与备案管理

第一节　保健食品注册与备案的相关规定

新《食品安全法》明确对保健食品实行注册与备案相结合的分类管理制度，改变了过去单一的产品注册制度，避免了相同成分产品的重复审批、重复检测，遵循市场经济发展的规律，体现了公平、公正、公开、便民、高效的原则。

一、法律法规对保健食品注册与备案的规定

新《食品安全法》

对保健食品监督作出了重大调整，确立了保健食品原料目录和功能目录管理相结合、注册与备案管理相结合的监管制度。

二、规章对保健食品注册与备案的规定

《保健食品注册与备案管理办法》

2016年2月4日经国家食品药品监督管理总局局务会议审议通过并公布国家食品药品监督管理总局令第22号《保健食品注册与备案管理办法》(以下简称新《办法》)，并于2016年7月1日起施行。

新《办法》分8章共75条，对保健食品的注册、注册证书管理、备案、标签、说明书、监督管理、法律责任等作出了具体规定，与之前颁布的《保健食品注册管理办法(试行)》(以下简称原《办法》)相比，新《办法》主要修改和增补了以下内容。

1. 保健食品监管模式的调整

原《办法》规定申报相关功能的保健食品都需要按照相关流程进行注册。

新《办法》依据新《食品安全法》，对保健食品实行注册与备案相结合的分

类管理制度。对使用保健食品原料目录以外原料的保健食品和首次进口的保健食品实行注册管理。对使用的原料已经列入保健食品原料目录的和首次进口的属于补充维生素、矿物质等营养物质的保健食品实行备案管理。首次进口属于补充维生素、矿物质等营养物质的保健食品，其营养物质应当是列入保健食品原料目录的物质。

2. 产品保健功能声称的调整

原《办法》允许产品的保健功能声称不在公布的目录范围内，"拟申请的保健功能不在公布范围内的，申请人还应当自行进行动物试验和人体试食试验，并向确定的检验机构提供功能研发报告"。

新《办法》第十条要求"产品声称的保健功能应当已经列入保健食品功能目录"。

3. 保健食品注册与备案受理部门的调整

原《办法》规定"省、自治区、直辖市（食品）药品监督管理部门受国家食品药品监督管理局委托，负责对国产保健食品注册申请资料的受理和形式审查"。

新《办法》规定国家食品药品监督管理总局行政受理机构负责受理保健食品注册和接收相关进口保健食品备案材料。省、自治区、直辖市食品药品监督管理部门负责接收相关保健食品备案材料。

4. 保健食品的注册程序的调整

新《办法》规定，保健食品注册申请以受理为注册审批起点，将生产现场核查和复核检验调整至技术审评环节，并对审评内容、审评程序、总体时限和判定依据等提出具体严格的限定和要求。技术审评按申请材料核查、现场核查、动态抽样、复核检验等程序开展，任一环节不符合要求，审评机构均可终止审评，提出不予注册建议。

5. 保健食品注册样品生产条件要求的调整

原《办法》要求"注册保健食品所需的样品，应当在符合《保健食品良好生产规范》的车间生产，其加工过程必须符合《保健食品良好生产规范》的要求"。

新《办法》则要求"查验机构按照申请材料中的产品研发报告、配方、生产工艺等技术要求进行现场核查"，没有对生产条件的具体要求，新发布的《食品生产许可管理办法》则增加了保健食品类别，也就是说保健食品生产要符合新的《食品生产许可管理办法》。

三、其他相关文件对保健食品注册的规定

（一）保健食品注册审评相关规定

1.《保健食品注册审评审批工作细则》

依法、科学、公正、高效是保健食品注册审评审批工作的基本原则。依法是依据有关保健食品监督管理的法规、技术标准、检验规范进行审评。2016年11月发布的《保健食品注册审评审批工作细则》强化申请材料的可溯源性，强化审评与监管的衔接。明确规定研发数据要长期存档备查。注册申请人不仅应提供研发结果，还应提供充分支持研发结果的科学依据以及承担各项研究的全部单位、完成人或负责人名录、研究起止时间等溯源性资料。对研发的试验数据、试验记录和中试生产记录等原始资料，申请人应长期存档备查。

明确申请人研发主体责任。监管部门不再从头管到脚，加强事中事后监管。如对产品注册申请的安全性毒理学评价、保健功能评价试验不再指定机构，而是由具有法定资质的食品检验机构承担；申请人可自行开展功效成分或标志性成分、卫生学、稳定性试验，核查机构则仅对注册申请人的检测能力以及自检报告真实性等进行核查等。

以往，我国保健食品审批实行的是专家审查为主的外审制，《细则》借鉴药品审批的内审制，将推动保健食品由外审制向由保健食品审评中心工作人员审查为主的内审制过渡，提高审评效率和一致性。一方面，缩小外审范围，审评专家负责对新产品注册、增加保健功能变更注册申请材料进行技术审评。另一方面，扩大内审范围，审评中心负责对专家审查组审评报告进行审核和汇总，对补充材料、延续注册、转让技术、变更注册、证书补发等申请材料进行审评。

审批周期大幅缩短。根据《细则》，以受理机构受理注册申请为审评起点，申请材料审查不超过60个工作日，现场核查不超过30个工作日，复核检验不超过60个工作日，行政审查应在20个工作日内完成，而等待注册申请人领取审评意见通知书、校核批准证明文件样稿、提交补充材料、现场核查、复核检验、复审的时间，为技术审评停滞时间，不计入审评时限。

《细则》将现场核查、抽样和复核检验程序后置，优化了审批流程，提高了审批效率，节约了注册申请人研发成本和核查机构行政成本。注册申请材料审评通过后，核查中心再组织开展现场核查，抽取下线样品，送复核检验机构检验。审评中心应综合申请材料审评情况、核查结论和复核检验结论，作出综合

审评结论。申请材料审查、现场核查、复核检验等任一环节不符合要求，审评中心均可终止审评，提出不予注册建议。

2.《保健食品审评专家管理办法》(2010年7月19日，国食药监许〔2010〕282号发布施行)

该《办法》共十八条，对审评专家库的人员来源、所具备条件、推荐方式、聘用期限、职责、参会人数等作出了具体规定。部分相关内容节选如下。

国家食品药品监督管理局保健食品审评中心组织专家审评，设立有保健食品审评专家库。审评专家库由食品科学与工程、基础医学、临床医学、公共卫生与预防医学、中医学、中西医结合、药学、中药学、化学等相关领域的专家组成。

（1）保健食品审评专家应当具备以下基本条件。

①作风正派、科学公正、认真负责、坚持原则。

②熟悉食品安全、保健食品及相关领域的法律法规、标准规范等。

③具备大学本科以上（含大学本科）学历。

④具有相应专业的正高级专业技术职称或具有博士学位副高级专业职称。

⑤在本专业具有较高的学术造诣和丰富的实践工作经验，在相应专业岗位工作5年以上。

⑥身体健康，原则上年龄在65周岁以下（院士除外）。

⑦能正常参加保健食品的技术审评会议，并能按要求承担和完成保健食品技术审评工作。

⑧本人不在保健食品相关企业任职或兼职。

（2）审评专家的主要职责如下。

①参加保健食品审评会议，对保健食品产品进行技术审评，提出审评意见。

②受国家食品药品监督管理局委托，开展保健食品注册相关政策的研究。

③开展保健食品技术审评咨询工作。

④承担国家食品药品监督管理局交付的其他任务。

（3）保健食品审评专家应当遵守以下规定。

①按照国家有关法律法规、标准规范对保健食品申报资料进行技术审评，独立、客观地提出审评意见，并对所提出的审评意见负责。

②以科学、公正、公平的态度从事技术审评工作，认真履行职责，廉洁自律，不得借审评之机谋取私利。

③按时全程参加审评会议，会议期间原则上不得请假，遇到特殊情况应当

经审评组组长同意并得到保健食品审评中心批准后方可离会。

④对申报资料、审评意见和有关审评情况予以保密，不得抄录和外传。

⑤不得在保健食品审评会议以前及会议期间向保健食品注册申请人公开本人参加会议的信息或透露其他参加审评会议的专家名单及会议日程等。

⑥不得参与任何可能影响审评公正性的活动。

⑦凡涉及与审评专家相关的产品时，如遇有审评专家本单位参与研制的产品、或遇有审评专家签字的试验报告的产品时、或国家食品药品监督管理局认定的检验机构法人代表遇有本单位试验的产品时，应当主动向国家食品药品监督管理局食品许可司申明并申请回避。

⑧接受国家食品药品监督管理局的培训、考核及监督。

⑨不得以国家食品药品监督管理局审评专家名义进行保健食品商业性活动。

⑩签署保健食品技术审评专家承诺书并履行承诺。

（4）国家食品药品监督管理局对审评专家进行考核，对严重违反规定的，从审评专家库中予以除名，并告知当事人所在单位。

3.《保健食品产品技术要求规范》（2010 年 10 月 22 日，国食药监许〔2010〕423 号发布，自 2011 年 2 月 1 日起施行）

4.《关于保健食品技术审评增设不批准意见告知程序的通知》（2011 年 1 月 5 日，国食药监许〔2011〕2 号发布）

5.《关于印发完善保健食品审评审批机制意见的通知》（2011 年 2 月 12 日，国食药监许〔2010〕93 号发布）

（二）申报资料相关规定

（1）《关于印发〈保健食品注册申报资料项目要求（试行）〉的通告》（2005 年 5 月 20 日，国食药监注〔2005〕203 号发布，2005 年 7 月 1 日起执行）。

（2）《关于印发保健食品注册申报资料项目要求补充规定的通知》（2011 年 1 月 12 日，国食药监许〔2011〕24 号发布，2011 年 2 月 1 日起实施）。

（三）申请人变更相关规定

（1）《关于保健食品申请人变更有关问题的通知》（2010 年 1 月 7 日，国食药监许〔2010〕4 号公布）。

（2）《关于保健食品申请人变更受理与技术审评有关问题的通知》（2010 年 4 月 22 日，食药监许函〔2010〕135 号发布）。

（3）《关于保健食品申请人变更备案工作有关问题的通知》（2010 年 9 月 25 日，国食药监许〔2010〕388 号发布）。

（四）现场核查相关规定

（1）《关于印发〈保健食品样品试制和试验现场核查规定（试行）〉的通知》（2005 年 6 月 10 日，国食药监注〔2005〕261 号发布）。

（2）《关于进一步加强保健食品注册现场核查及试验检验工作有关问题的通知》（2007 年 1 月 11 日，国食药监注〔2007〕11 号发布）。

（3）《关于进一步加强保健食品人体试食试验有关工作的通知》（2009 年 6 月 12 日，食药监许函〔2009〕131 号发布）。

（五）再注册相关规定

（1）《保健食品再注册工作有关问题的通知》（2010 年 7 月 23 日，国食药监许〔2010〕300 号发布）。

（2）《关于印发保健食品再注册技术审评要点的通知》（2010 年 9 月 26 日，国食药监许〔2010〕390 号发布）。

（3）《关于进一步明确保健食品再注册有关事项的通告》（2013 年 8 月 23 日，国家食品药品监督管理总局通告 2013 年第 5 号发布）。

（4）《关于受理保健食品技术转让、变更注册申请有关问题的通知》（2009 年 10 月 29 日，食药监许函〔2009〕277 号发布）。

（六）注册检验相关规定

（1）《关于印发保健食品注册检验复核检验管理办法和规范两个文件的通知》（2011 年 4 月 11 日，国食药监许〔2011〕173 号发布）。

（2）《关于印发保健食品注册检验机构遴选管理办法和遴选规范两个文件的通知》（2011 年 4 月 11 日，国食药监许〔2011〕174 号发布）。

（七）注册检验相关的技术规范

（1）《卫生部关于印发〈保健食品检验与评价技术规范〉（2003 年版）的通知》（2003 年 2 月 14 日，卫法监发〔2003〕42 号发布，2003 年 5 月 1 日起实施）。

（2）《食品药品监管总局办公厅关于印发保健食品稳定性试验指导原则的通知》（2013 年 12 月 2 日，食药监办食监三函〔2013〕500 号发布，2014 年 1 月 1 日起施行）。

第二节 保健食品注册与备案管理

《保健食品注册与备案管理办法》以保健食品风险等级为基础，进行注册与备案的分类管理。保健食品注册，是指食品药品监督管理部门根据注册申请人申请，依照法定程序、条件和要求，对申请注册的保健食品的安全性、保健功能和质量可控性等相关申请材料进行系统评价和审评，并决定是否准予其注册的审批过程。保健食品备案，是指保健食品生产企业依照法定程序、条件和要求，将表明产品安全性、保健功能和质量可控性的材料提交食品药品监督管理部门进行存档、公开、备查的过程。

一、保健食品注册与备案监管职责分工

根据保健食品安全风险等级不同，食品药品监督管理各部门的分工也存在一定差异：国家食品药品监督管理总局负责保健食品注册管理，以及首次进口的属于补充维生素、矿物质等营养物质的保健食品备案管理，并指导监督省、自治区、直辖市食品药品监督管理部门承担的保健食品注册与备案相关工作。国家食品药品监督管理总局行政受理机构（以下简称受理机构）负责受理保健食品注册和接收相关进口保健食品备案材料。国家食品药品监督管理总局保健食品审评机构（以下简称审评机构）负责组织保健食品审评，管理审评专家，并依法承担相关保健食品备案工作。国家食品药品监督管理总局审核查验机构（以下简称查验机构）负责保健食品注册现场核查工作。省级食品药品监督管理部门负责本行政区域内保健食品备案管理，并配合国家食品药品监督管理总局开展保健食品注册现场核查等工作。省级食品药品监督管理部门负责接收相关保健食品备案材料。市、县级食品药品监督管理部门负责本行政区域内注册和备案保健食品的监督管理，承担上级食品药品监督管理部门委托的其他工作。

二、保健食品注册管理

《保健食品注册与备案管理办法》正式颁布以来，按照新《办法》由国家食品药品监督管理总局负责所有保健食品注册样品的申报资料的受理、审评、现

场核查等工作。

（一）保健食品注册申请与审批程序

申请人提供保健食品注册申请表，承诺书，登记证明文件复印件，产品研发报告，产品配方材料，产品生产工艺材料，安全性和保健功能评价材料，直接接触保健食品的包装材料种类、名称、相关标准等，产品标签、说明书样稿，产品名称的检索材料，销售包装样品等注册审评相关的材料给受理机构，受理机构经审核后在 3 个工作日内将申请材料一并送交审评机构。审评机构组织审评专家审查材料，并根据实际需要组织查验机构开展现场核查，组织检验机构开展复核检验，在 60 个工作日内完成审评工作并向国家食品药品监督管理总局提交综合审评结论和建议。若需要补正材料的，审评机构要一次告知需要补正的全部内容，注册申请人在 3 个月内补齐材料；审评机构收到补充材料后，审评时间重新计算。

保健食品注册申请与审批流程见图 5-1。

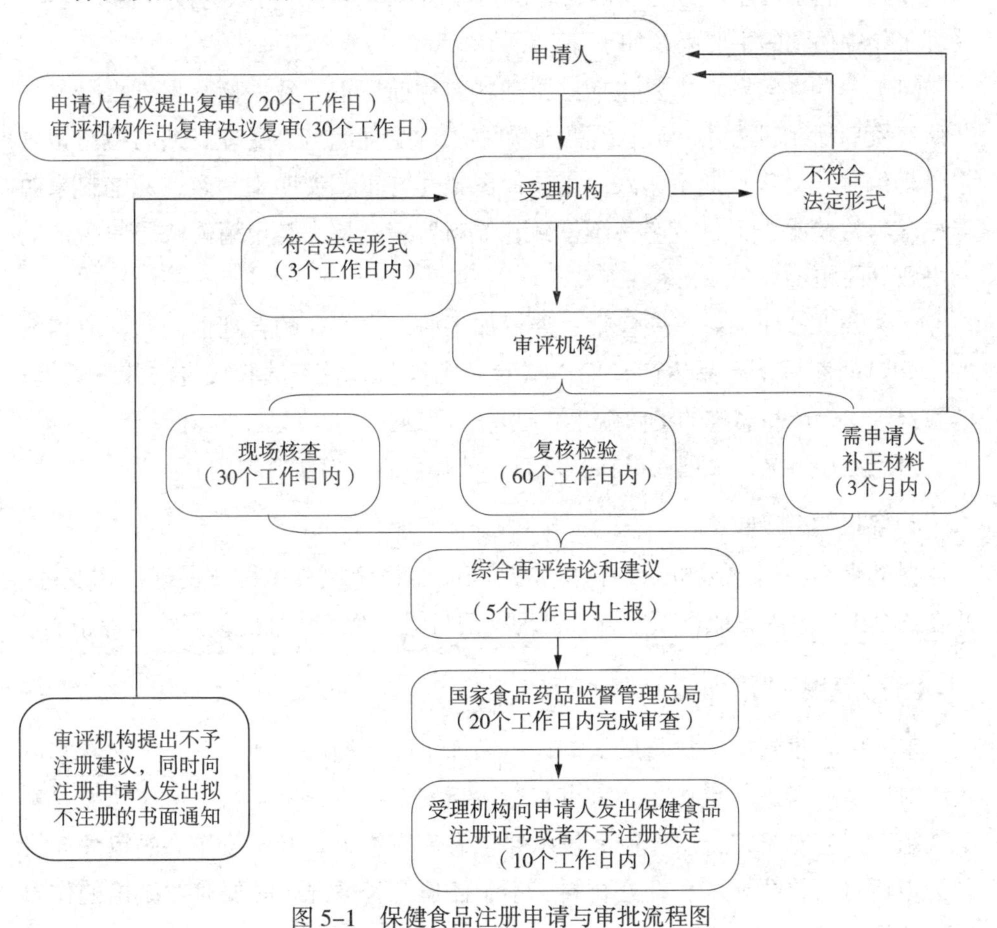

图 5-1　保健食品注册申请与审批流程图

（二）保健食品注册资料受理

国家食品药品监督管理总局2016年发布了《保健食品注册审评审批工作细则》，该《细则》对保健食品的注册受理、技术审评、行政审查、证书制作及信息公开作出了具体的规定。

1. 申报资料的完整性

注册申请人提供的申报资料应当包括《保健食品注册与备案管理办法》要求提供的8项（国产保健食品注册）或者12项（首次进口保健食品注册）内容，缺项即为不完整。每一个项目中也应当包含该项目项下要求提供的相关材料，不完全则为不完整，受理机构可以要求申请人补正，补正后予以受理。

2. 申报资料的规范性

规范性，在申报资料的审查中，应当包含“一致性”和“合理性”的内容。如果申报资料前后不一致，明确缺乏逻辑性和合理性，即可认为该资料不规范。受理工作中遇到的主要问题如下。

（1）一致性问题。主要包括：原辅料名称前后不一致；检验报告批号与工艺研究资料所示批号不一致；受理通知书中的受理编号、受理日期与检验报告中受理编号、受理日期不一致；工艺简图描述与工艺说明不一致；原辅料来源与原辅料检验报告提供者名称不一致；原料鉴定送检人与申请人或原料生产商不一致等问题。

（2）合理性问题。主要包括：委托加工协议中存在的合理性问题；原辅料的采购时间滞后于产品生产日期；试验完成日期滞后于试验报告的签发日期；试验报告中，产品名称的更改缺乏合理性等问题。

对于上述情况，受理人员在受理时应认真审查，核实资料的真实性。

3. 申报材料接收

保健食品注册申报资料由国家食品药品监督管理总局行政受理机构受理，并在5个工作日内完成逐项审查，受理申请材料3个工作日内移交给审评中心。

（三）专家评审

审评中心收到申请材料后从审评专家库中随机抽取审评专家，组建专家审查组对申请材料进行审评。专家审查组包括安全性专家审查组、保健功能专家审查组、工艺专家审查组、产品技术要求专家审查组。专家组作出的审评建议分为申请材料符合要求、补充材料、不予注册三种情况。必要时对结论的作出可通过合组讨论、专家论证会等形式进行审评或作出复审。

审评中心不同意复审专家审查组审评建议的，应详细说明作出审核结论的理由和依据，以审评中心审核结论作为作出产品综合审评结论和建议的依据。

（四）现场核查

申请材料经审评建议为符合要求的，由保健食品审评中心向核查中心发出《保健食品现场核查通知书》，并由核查中心开展现场核查。

1. 保健食品注册样品试制现场核查的管理

保健食品现场核查是一种针对申请项目的溯源性检查，要求保健食品生产过程应当具有可靠的可追溯性，主要是针对各项记录的检查，记录是指批生产过程中产生的书面文件，对于各项记录的基本要求，其中最为根本的就是要"及时、准确、真实、规范"。样品试制现场包括样品试制过程的所有现场。试制现场核查主要包括试制单位生产资质、物料质量管理与控制、生产过程与中间控制、成品质量管理与控制等方面的核查。

2. 保健食品注册试验现场核查的管理

试验现场核查包括安全性毒理学试验、功能学试验、功效成分和标志性成分检测、卫生学试验和稳定性试验等现场的核查，必要时对兴奋剂和产品的原料试验现场等进行核查。试验现场作为产品安全性、功能性以及质量稳定性的实施机构，同时也肩负了结果判定的重大责任。

目前，保健食品的试验机构都由国家食品药品监督管理总局认定，并且通过了多个相关实验室认证。试验现场核查不同于试制现场核查，它要求核查员必须具备包括药理、毒理、临床、化学、微生物等较为全面的专业知识、丰富的核查经验以及灵活的核查方法。国产保健食品注册试验现场的核查内容主要包括以下几项。

（1）核查试验是否开展。核查人员查看检验机构存档所核查产品的检验申请表、检验受理通知书及检验报告与申报资料中所提供的是否一致。

（2）核查样品受理、传递及管理记录。核查人员查看样品受理、传递及管理记录中所载明的产品名称、样品编号、受理日期、传递日期等基本信息是否与申报资料一致。

（3）核查试验原始记录。核查人员需查看试验原始记录中样品名称、编号等基本信息与申报资料中试验报告里的对应信息是否一致，查看试验原始记录中试验数据与申报资料检验报告项中的数据是否一致。

（4）仪器设备使用记录。核查人员需查看试验单位是否有仪器设备使用记录。仪器设备使用记录与原始记录需要一一对应。针对各个测定项目的原始记录，核查人员都可以核对对应的仪器设备使用记录，仪器设备使用记录应当是连续的，从仪器设备使用记录应当可以追溯某一时间内该仪器设备的所有使用情况。

（5）动物试验和人体试食试验。自《关于进一步加强保健食品注册现场核查及试验检验工作有关问题的通知》（国食药监注〔2007〕11号）发布以来，国务院食品药品监督管理部门对动物试验（安全性毒理学试验和功能学试验）、人体试食试验的核查力度大为提高。对动物试验中动物购买凭证、动物房条件、动物使用合格证及人体试食试验中受试者知情同意书、伦理委员会校准记录、合作协议、报告真实性等均加强了核查力度。

现场核查结束后，核查中心将核查情况向申请人通报并确认。申请人对于核查中发现的问题有异议的需提供书面说明。核查中心根据核查情况及申请人的说明，出具结论明确的核查报告，报送审评中心。

（五）复核检验

现场核查符合要求的，抽取下线样品，移交复核检验机构，对测定方法的科学性、复现性、适用性进行验证，对产品质量进行复核检验，出具结论明确的复检报告，报送审评中心。

（六）行政审查与证书发放及信息公开

保健食品审评中心按有关规定对完成技术审评的申报资料进行整理审核后，将综合审评结论和建议报国家食品药品监督管理总局，总局签收后20个工作日内，对审评程序和结论的合法性、规范性以及完整性进行审查，并作出准予注册或者不予注册的决定。在作出决定之日起3个工作日内，总局将审批材料移交受理机构。受理机构应在10个工作日内，向注册申请人发出保健食品注册证书或不予注册决定，同时审评中心通过信息系统将相关产品注册电子信息提交国家食品药品监督管理总局信息中心。除涉及国家秘密、商业秘密外，国家食品药品监督管理总局信息中心应按要求及时公开产品注册证书及附件（产品标签、说明书及技术要求等）。保健食品注册证书有效期为5年。

三、保健食品备案管理

（一）保健食品备案申请与审批程序

备案申请人提交保健食品备案登记表，承诺书，登记证明文件复印件，产品技术要求材料，全项目检验报告，安全性和保健功能评价材料，产品配方，产品生产工艺，直接接触保健食品的包装材料相关材料，产品标签、说明书样稿，产品名称的检索材料等。备案材料符合要求的，当场备案存档并发放备案号；不符合要求的，应当一次告知备案人补全资料。

保健食品备案申请与审批流程见图 5-2。

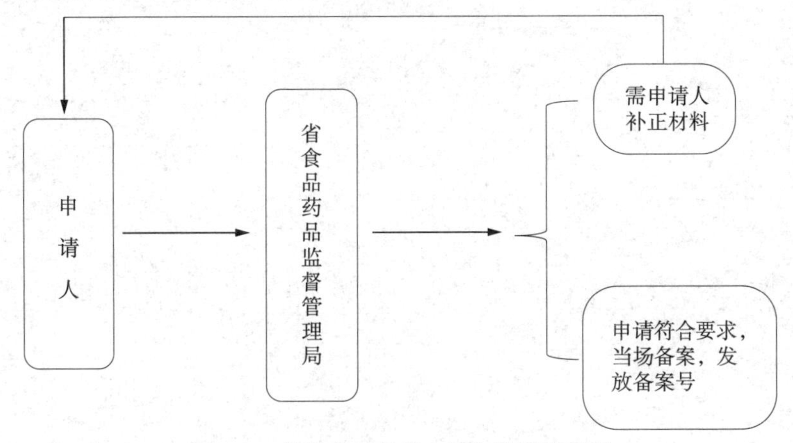

图 5-2　保健食品备案申请与审批流程图

（二）保健食品备案审批与管理

依据《保健食品注册与备案管理办法》，使用的原料已经列入保健食品原料目录的保健食品和首次进口的属于补充维生素、矿物质等营养物质的保健食品应当进行备案制管理。省级食品药品监督管理部门负责本行政区域内保健食品备案管理，国家食品药品监督管理总局负责首次进口的属于补充维生素、矿物质等营养物质的保健食品备案管理。基于风险效益管理的原则，对产品及其原料的安全性和功能可以通过通用指标进行评价的保健食品实行备案管理，备案申报资料分为一般性资料和技术性资料两大类。一般性资料包括：备案登记表及备案人的法律责任承诺书，备案人主体登记证明文件复印件，产品名称与药品名称不重名的检索资料，商标证明资料等。技术性资料主要包括以下内容：产品配方材料，产品生产工艺材料，安全性和保健功能评价材料，直接接触保健食品的包装材料种类、名称、相关标准等，产品标签、说明书样稿，申请进口保健食品备案的，还需另外提供产品生产国（地区）的相关资料及注册申请人的代办机构资料。

备案材料符合要求的，食品药品监督管理部门应当完成备案信息的存档备查工作，并发放备案号。同时，食品药品监督管理部门按照相关要求的格式制作备案凭证，并在其网站上公布相关备案信息，包括产品名称、备案人名称和地址、备案登记号、登记日期以及产品标签、说明书和技术要求。当出现备案材料虚假；备案产品生产工艺、产品配方等存在安全性问题；保健食品生产企业的生产许可被依法吊销、注销等情况时，食品药品监督管理部门可依法取消保健食品备案。

第六章　保健食品原料管理

第一节　保健食品原料管理的相关规定

一、原辅料管理相关规定

1.《关于进一步规范保健食品原料管理的通知》（2002年2月28日，卫法监发〔2002〕51号发布）

为进一步规范保健食品原料管理，原卫生部印发了《既是食品又是药品的物品名单》《可用于保健食品的物品名单》和《保健食品禁用物品名单》。其中《既是食品又是药品的物品名单》中的87种药食同源物品，可以在普通食品中使用；而《可用于保健食品的物品名单》中可用于保健食品的物品，只可以有限度用于保健食品原料之中。

同时对原料的使用作出了具体规定：申报保健食品中含有动植物物品或原料的，动植物物品或原料总个数不得超过14个。如使用《既是食品又是药品的物品名单》之外的动植物物品或保健食品原料，个数不得超过4个；使用《既是食品又是药品的物品名单》和《可用于保健食品的物品名单》之外的动植物物品或原料，个数不得超过1个，且要按有关要求进行安全性毒理学评价。

2.《食品添加剂新品种管理办法》（2010年3月30日，卫生部令第73号发布施行）

对食品添加剂的生产经营和使用作出了规定。

3.《新食品原料安全性审查管理办法》（2013年5月31日，国家卫生和计划生育委员会令第1号发布，2013年10月1日起施行）

4.《关于加强保健食品原料监督管理有关事宜的通知》（2011年3月15日，

国食药监许〔2011〕123号发布）

该通知对保健食品原料的采购、监管提出了明确要求。

5.《关于发布保健食品中可能非法添加的物质名单（第一批）的通知》(2012年3月16日，食药监办保化〔2012〕33号发布）

二、特殊原料、工艺等申报审评相关规定

1. 关于印发《营养素补充剂申报与审评规定（试行）》等8个相关规定的通告（2005年5月20日，国食药监注〔2005〕第202号发布，2005年7月1日实施）

（1）《营养素补充剂申报与审评规定（试行）》，对营养素补充剂的配方、种类和用量、化合物名单及申报要求作出了具体规定。

（2）《真菌类保健食品申报与审评规定（试行）》，对真菌菌种、生产条件和申报要求作出了具体规定。

（3）《益生菌类保健食品申报与审评规定（试行）》，对益生菌菌种、生产条件和申报要求作出了具体规定。

（4）《核酸类保健食品申报与审评规定（试行）》，对核酸产品的纯度、配方、申报范围和不适宜人群等作出了具体规定。

（5）《野生动植物类保健食品申报与审评规定（试行）》，对以野生动植物为原料的产品作出了具体规定。

（6）《氨基酸螯合物等保健食品申报与审评规定（试行）》，对以氨基酸螯合物、褪黑素、大豆磷脂、蚂蚁、芦荟、酒、不饱和脂肪酸、甲壳素、超氧化物歧化酶等为原料的产品、使用微生物发酵的产品作出了具体规定。

（7）《应用大孔吸附树脂分离纯化工艺生产的保健食品申报与审评规定（试行）》，对使用大孔吸附树脂为工艺生产产品的申报、检测提出了具体要求。

（8）《保健食品申报与审评补充规定（试行）》，对同一产品两种剂型、缓释剂型、不同颜色不同口味、增补剂型以及适宜人群不适宜人群确定问题作出了具体规定。

2.《关于含辅酶Q10保健食品产品注册申报与审评有关规定的通知》（2009年9月2日，国食药监许〔2009〕566号发布实施）

3.《关于含大豆异黄酮保健食品产品注册申报与审评有关规定的通知》（2009

年 9 月 2 日，国食药监许〔2009〕567 号发布实施）

该通知对大豆异黄酮的来源、检测、不适宜人群、注意事项等作出了具体规定。

4.《关于以红曲等为原料保健食品产品申报与审评有关事项的通知》（2010 年 1 月 5 日，国食药监许〔2010〕2 号发布实施）

为规范以红曲、硒、铬、芦荟、大黄、何首乌、决明子和阿胶等为原料的保健食品产品申报与审评工作，该通知就以红曲、硒、铬等为原料的保健食品产品注册申报与审评有关事项作出明确。

5.《关于征求含蒽醌类保健食品注册管理有关规定意见的通知》（2009 年 11 月 26 日，食药监许函〔2009〕309 号发布）

为规范以芦荟、大黄、何首乌、决明子等含蒽醌类成分原料的保健食品产品注册工作，该通知对芦荟、大黄等的用量、不适宜人群、注意事项作了补充规定。

6.《关于征求含蜂胶含硒保健食品产品注册有关规定意见的函》（2009 年 7 月 29 日，食药监许函〔2009〕174 号发布）

对蜂胶用量和硒的不适宜人群作了规定。

7.《关于养殖梅花鹿及其产品作为保健食品原料有关规定的通知》（2014 年 10 月 24 日，食药监食监三〔2014〕242 号发布）

该通知对养殖梅花鹿及其产品作为原料的保健食品申报与审评作了明确要求。

8.《关于更改核酸类保健食品不适宜人群的通知》（2007 年 11 月 9 日，国食药监注〔2007〕674 号发布）

该通知对核酸类保健食品的不适宜人群作了明确规定。

9.《关于加强含珍珠粉原料保健食品化妆品及药品监管工作的紧急通知》（2010 年 9 月 21 日，食药监办许函〔2010〕407 号发布）

该通知对以珍珠粉为原料的保健食品、化妆品及药品生产企业的原料管理和采购作了要求。

第二节　保健食品原料的管理

保健食品的原料是指与保健食品功能相关的初始物料，保健食品的辅料是指生产保健食品时所用的赋形剂及其他附加物料。本文中提到的保健食品原料是包含了保健食品的原料和辅料。保健食品中使用的原料直接保障保健食品的食用安全和保健功效，并且关系到保健食品与药品的区分。

一、保健食品原料目录

保健食品原料目录，是指经安全性和功能性评价，可用于保健食品的物质及其对应的相关信息列表。主要内容包括原料名称、用量、允许声称的保健功能、质量标准、功效成分和检验方法及相关说明等。列入保健食品原料目录的原料只能用于保健食品生产，不得用于其他食品生产。对于使用保健食品原料目录以外原料的保健食品作出准予注册决定的，应当及时将该原料纳入保健食品原料目录。

截至目前，已发布的《保健食品原料目录（一）》中只有营养素补充剂的原料目录，故其他类型原料仍参照 2002 年原卫生部发布的《关于进一步规范保健食品原料管理的通知》（卫法监发〔2002〕51 号）中的相关规定。

二、可用于保健食品的原料

可用于保健食品的原料主要为普通食品原料、天然动植物物品、食品添加剂三大类。其他一些原料也可用于保健食品，但有严格的规定。

1. 普通食品原料

普通食品原料，食用广泛、安全，来源有保证，是保健食品中常用的原料。普通食品原料通常容易识别，但对一些只在少数地区有食用习惯，食用人群较少或食用历史较短的原料，在是否可作为普通食品原料时，往往会发生争议。

2. 天然动植物物品

天然动植物物品，即通常说的传统中药材。新《食品安全法》第三十八条明确规定“生产经营的食品中不得添加药品，但是可以添加按照传统既是食品又是中药材的物质。按照传统既是食品又是中药材的物质目录由国务院卫生行政部门会同国务院食品药品监督管理部门制定、公布”。原卫生部公布了两个目录。一个目录是“既是食品又是药品的物品名单”。共 87 个物品。主要是中国传统上有食用习惯、民间广泛食用的物品。这个名单已经过 4 次调整。这些物品如在普通食品中使用，产品不声称保健功能的，可不经许可；如产品声称保健功能的，应作为保健食品管理，需经国家食品药品监督管理总局批准。另一个目录是“可用于保健食品的物品名单”。列入可用于保健食品的物品名单的物品，即使其产品不声称保健功能也不能在普通食品中使用。使用可用于保健食品的物品名单的物品生产产品的，其产品作为食品管理的，应经国家食品药品监督管理总局批准，并按保健食品监管；或者其产品作为药品管理，按药品的规定进行申报、审批。可用于保健食品的物品共 114 个。

3. 列入《食品添加剂使用标准》（GB 2760—2014）和《营养强化剂使用标准》（GB 14880—2012）的食品添加剂和营养强化剂

新《食品安全法》中规定食品添加剂包括营养强化剂。保健食品中使用的添加剂应符合《食品添加剂卫生管理办法》的规定。一是保健食品使用的添加剂品种应在《食品添加剂使用标准》规定的品种内。二是食品添加剂必须符合国家卫生标准和卫生要求。三是保健食品生产加工过程中使用的加工助剂（包括酶制剂）品种应在《食品添加剂使用标准》规定的品种内。四是用于保健食品的添加剂、加工助剂要符合食品安全的质量和等级的规定。如：皮革工业中使用的水解蛋白酶、工业用的盐酸等其质量等级不符合食品安全的要求，不得用于保健食品生产。五是其使用量依据该添加剂的最大允许食用量，按产品的每日食用量推算，可适当高于《食品添加剂使用标准》规定的使用量。如，饮料中可使用的防腐剂用于保健食品口服液的，因饮用的饮料量一般为每日 100ml 以上，而口服液每日只食用 10~30ml，因此可在合理的情况下，可适当高于标准规定的该防腐剂的使用量。《营养强化剂使用标准》提到的物质也可作为保健食品原料。

4. 其他原料

因保健食品涉及的范围较广，下列原料也可以用于保健食品。

（1）食用安全的药品辅料。因保健食品的剂型多为片、胶囊等（与普通食品的剂型不同），一些片剂、胶囊中必须使用的辅料未列入《食品添加剂使用标准》中，为保证保健食品生产的需要，一些药品中常用且食用安全的辅料也可用于保健食品（主要是一些成型剂、薄膜包衣等），如聚乙二醇。药品辅料用于保健食品的，一是应生产中必需，而《食品添加剂使用标准》没有相应的添加剂品种的；二是列入《中华人民共和国药典》，且食用安全系数高；三是经保健食品审评委员会审评，认为符合上述两点要求。目前对药品辅料用于保健食品，认定严格，范围严格控制。

（2）可用于保健食品的真菌、益生菌菌种。《真菌类保健食品申报与审评规定（试行）》和《益生菌类保健食品申报与审评规定（试行）》对用于保健食品的真菌、益生菌作了规定。利用可食大型真菌或小型丝状真菌的子实体或菌丝体生产的真菌类保健食品必须安全可靠，即食用安全，无毒无害，生产用菌种的生物学、遗传学、功效学特性明确和稳定。除长期袭用的可食真菌的子实体及其菌丝体外，可用于保健食品的真菌菌种名单由国家食品药品监督管理总局公布。国家食品药品监督管理总局已公布了 11 种真菌和 10 种益生菌可用于保健食品的生产。原卫生部公布的"可用于食品的菌种名单"中的菌种，也可用于保健食品。

（3）已批准可用于保健食品的原料有核酸、褪黑素和辅酶 Q10。

核酸：核酸是指 DNA、RNA。以核酸为主要原料生产的保健食品，要求核酸原料的纯度应大于 80%。

褪黑素：褪黑素是脑松果体分泌的一种激素，与睡眠有关。申报的保健功能范围暂限定为改善睡眠功能，同时说明书中标明有关注意事项。

辅酶 Q10：辅酶 Q10 存在于食物中，人类体内可自身合成，属于维生素的一种。目前生产辅酶 Q10 的常见工艺为微生物发酵法。

三、有条件可使用的保健食品原料

使用野生动、植物及其制品作为保健食品原料的，其使用有一定的限制。

（1）使用人工驯养繁殖或人工栽培的国家二级保护野生动植物及其产品为原料生产保健食品，应提交农业、林业部门的批准文件。

（2）使用国家保护的有益或者有重要经济、科学研究价值的陆生野生动物及其产品生产保健食品，应提交省级农业、林业部门的允许开发利用证明。

（3）为防止草地退化，政府规定，采集甘草、苁蓉和雪莲需经政府有关部门批准，并限制使用。甘草要提供甘草供应方的由省级经贸部门颁发的甘草经营许可证（复印件）和与甘草供应方签订的甘草供应合同。目前苁蓉和雪莲未列入可用于保健食品的原料名单。

（4）受国际公约保护的品种，提供相应的证明文件。在保健食品中常用的野生动植物主要为鹿、林蛙（蛤士蟆）及蛇。马鹿为二级保护动物，人工饲养的可用于保健食品。梅花鹿属于国家一级保护动物，人工养殖的梅花鹿及其产品可作为保健食品原料使用。林蛙（蛤士蟆）和部分蛇为国家保护的有益或者有重要经济、科学研究价值的陆生野生动物。鳄鱼等有的品种属于保护动物，有的品种为国际公约保护的品种。

四、新食品原料

根据《新食品原料安全性审查管理办法》规定，新食品原料是指在我国无传统食用习惯的以下物品。

（1）动物、植物和微生物。

（2）从动物、植物和微生物中分离的成分。

（3）原有结构发生改变的食品成分。

（4）其他新研制的食品原料。

新食品原料应当具有食品原料的特性，符合应当有的营养要求，且无毒、无害，对人体健康不造成任何急性、亚急性、慢性或者其他潜在性危害。新《食品安全法》第三十七条规定利用新的食品原料生产食品，或者生产食品添加剂新品种、食品相关产品新品种，应当向国务院卫生行政部门提交相关产品的安全性评估材料。

五、不能用于保健食品的原料

目前明确禁止作为保健食品原料的，主要如下。

（1）保健食品禁用物品名单。原卫生部2002年公布，主要是一些毒副作用较大的中药材，共有59种。另外，生大黄、三黄（黄芩、黄连、黄柏）、石菖蒲、天花粉、蚓激酶、急性子、钩藤、半枝莲、白花蛇舌草、鹅不食草、王不留行、脱氢表雄酮、水飞蓟素、漏芦、路路通、生长激素等原料，尽管没有明确规定，在保健食品技术审评中一般也不能用于保健食品。

（2）禁止使用国家保护一、二级野生动植物及其产品作为保健食品原料；禁止使用人工驯养繁殖或人工栽培的国家保护一级野生动植物及其产品作为保健食品原料。从保护生态环境、预防疾病出发，不提倡使用麻雀、青蛙、老鼠、幼猫等作为保健食品原料。

（3）肌酸、熊胆粉、金属硫蛋白明确不能作为保健食品原料。

（4）未列入《食品添加剂使用标准》的食品添加剂，不能作为保健食品原料。包括保健食品及原料生产过程中使用的加工助剂和酶制剂。如：胰蛋白酶、磷酸二酯酶、三氯甲烷。

以上介绍了可用于保健食品的原料及不能用于保健食品的原料。有些原料比较容易判定，有些则较难判定。判定某个原料是否可用于保健食品，一是看是否为可用于保健食品的原料或是从可用于保健食品的原料提取的；二是看提取、加工工艺是否符合食品生产的要求。可用于保健食品的原料或是从可用于保健食品的原料提取的，且其提取、加工工艺也符合食品生产的要求，则可用于保健食品，否则不能用于保健食品。如：银杏叶提取后皂化生成一种新的物质，提取加合成的生产工艺，不符合食品生产的要求，不能用于保健食品。

六、辅料及其他

国家食品药品监督管理总局在保健食品注册管理中，根据科学的发展、认识的提高和经验的积累，对含大豆异黄酮、红曲、铬、蒽醌类成分、硒、铬及动物性原料（胎盘、骨等）等的保健食品作了具体的规定。同时，对保健食品备案可用辅料名单尚在征求意见中。

第七章　保健食品生产企业监督管理

第一节　保健食品生产企业行政许可管理

在我国社会逐渐老龄化，养生保健行业持续高热，保健食品需求及产值快速增长的背景下，保健食品非法添加、假冒伪劣、虚假宣传等违法违规问题较为突出。新《食品安全法》对保健食品监管作出了重大调整，我国对保健食品生产领域的监督管理工作日益加强。保健食品行政许可制度的实施以及相关规定的不断完善，对于严格市场准入、规范企业必备生产条件、督促企业加强生产过程控制、落实食品安全主体责任，以及改善食品安全总体水平，乃至推动保健食品工业健康持续发展都发挥了积极而重要的作用。

一、保健食品生产企业行政许可相关规定

国家食品药品监督管理总局根据国务院关于政府职能转变、简政放权、放管结合、优化服务的要求，发布了一系列关于保健食品生产企业行政许可的法规制度。

（一）《食品生产许可管理办法》

对生产许可作了重大调整，将原有的按食品品种许可，调整为按照企业主体许可，将以前的一个企业多张证书，调整为一个企业一张证书。对申请受理、许可条件、审查程序、产品检验、许可时限、证书形式以及不同许可事项的审查要求都进行修订。针对现行食品生产许可制度与新《食品安全法》不相符合、与现有监管体制不相适应的地方作了调整，概括起来主要是“五取消”“四调整”“四加强”。“五取消”是取消部分前置审批材料核查，取消许可检验机构指定，取消食品生产许可审查收费，取消委托加工备案，取消企业年检和年度报告制度。“四调整”是指调整了食品生产许可主体、许可证书有效期限、现场核查内容和审批权限。“四加强”是加强许可档案管理，加强证后监督检查，加强

审查员队伍管理，加强信息化建设。

（二）《食品生产许可审查通则》

《食品生产许可审查通则》在2010年实施发布的旧通则基础上，对许可审查的方式、现场核查要求、许可审查机制以及行政许可方便服务机制作出了修订：严格划分了许可审查的方式，优化了现场核查要求，完善了许可审查机制，提出了行政许可方便服务机制。其主要内容包括适用范围、申请材料审查、现场核查、核查结果上报和检查整改要求等。

关于保健食品的特殊规定有：一是保健食品、特殊医学用途配方食品、婴幼儿配方乳粉等特殊食品生产企业申请食品生产许可时，还应当提交与所生产食品相适应的生产质量管理体系文件以及相应的产品或产品配方注册或备案文件。二是申请变更或延续食品生产许可的，如果经注册或备案的保健食品、特殊医学用途配方食品、婴幼儿配方乳粉注册或备案事项发生变化的，相关生产企业应当在办理食品生产许可的变更前，办理产品或产品配方注册或者备案变更手续，并向审批部门提供相应的产品注册或备案文件。三是申请变更的，还应当就企业变化事项提交与所生产食品相适应的生产质量管理体系文件。申请延续的，还应当就企业变化事项提供与所生产食品相适应的生产质量管理体系运行情况的自查报告。

（三）《保健食品生产许可审查细则》（2016年12月15日，食药监食监三〔2016〕151号发布，2017年1月1日起施行）

《保健食品生产许可审查细则》遵循规范统一、科学高效、公平公正的原则，对食品药品监管部门的职责做了明确划分，对书面审查、现场核查等技术审查和行政审批工作作出了具体规定。该审查细则包括6章及6个附件，针对保健食品相对于普通食品的特殊性，对保健食品的生产许可审查作出了一系列有关规定。

1. 申报资料

申请人应对所有申报材料的真实性负责。其材料申报包括以下三项。

（1）保健食品生产许可申请人应当是取得《营业执照》的合法主体，符合《食品生产许可管理办法》要求的相应条件。

（2）申请人填报《食品生产许可申请书》，并按照《保健食品生产许可申报材料目录》的要求，向其所在地省级食品药品监督管理部门提交申请材料。

（3）保健食品生产实行品种许可，申请人应参照《保健食品生产许可分类目录》的要求，填报申请生产的保健食品品种明细。

2. 书面审查

技术审查部门接收申请材料后，按照《保健食品生产许可书面审查记录表》的要求完成保健食品生产许可的书面审查，并如实填写审查记录。对需要申请人补充技术性材料的，应当一次性告知申请人予以补正。申请材料基本符合要求，需要对许可事项开展现场核查的，可结合现场核查核对申请材料原件。

（1）书面审查内容包括主体资质审查、生产条件审查及委托生产3个方面。

①主体资质审查　申请人的营业执照、保健食品注册批准证明文件或备案证明合法有效，产品配方和生产工艺等技术材料完整，标签说明书样稿与注册或备案的技术要求一致。备案保健食品符合保健食品原料目录及技术要求。

②生产条件审查　保健食品的生产场所应当合理布局，洁净车间设计符合保健食品良好生产规范要求。保健食品安全管理规章制度和体系文件健全完善，生产工艺流程清晰完整，生产设施设备与生产工艺相适应。

③委托生产　保健食品委托生产的，委托方应是保健食品注册批准证书持有人，受托方应能够完成委托生产品种的全部生产过程。委托生产的保健食品，标签说明书应当同时标注委托双方的企业名称、地址以及受托方许可证编号等内容。保健食品的原注册人可以对转备案保健食品进行委托生产。

（2）书面审查结束后，技术审查部门根据不同审查情况给出相应结论。

①书面审查符合要求的，技术审查部门应作出书面审查合格的结论。

②书面审查申报材料书面审查不符合要求或申请人未按时补正申请材料的，技术审查部门应作出书面审查不合格的结论。

③书面审查不合格的，技术审查部门应按照本细则的要求提出未通过生产许可的审查意见。

④申请同剂型产品增项，生产工艺实质等同的保健食品；或申请保健食品生产许可变更或延续，申请人声明保健食品关键生产条件未发生变化，且不影响产品质量的，技术审查部门可以不再组织现场核查。

⑤在生产许可有效期限内保健食品监督抽检不合格的；保健食品违法生产经营被立案查处的；保健食品生产条件发生变化，可能影响产品质量安全的；或食品药品监管部门认为应当进行现场核查的，技术审查部门不得免于现场核查。

3. 现场核查

（1）组织审查组

经书面审查合格，技术审查部门应组织审查组开展保健食品生产许可现场核查。审查组一般由 2 名以上（含 2 名）熟悉保健食品管理、生产工艺流程、质量检验检测等方面的人员组成，其中至少有 1 名审查员参与该申请材料的书面审查。审查组实行组长负责制，与申请人有利害关系的审查员应当回避。审查人员确定后，原则上不得随意变动。审查组应当制定审查工作方案，明确审查人员分工、审查内容、审查纪律以及相应注意事项，并在规定时限内完成审查任务，作出审查结论。负责日常监管的食品药品监管部门应当选派观察员，参加生产许可现场核查，负责现场核查的全程监督，但不参与审查意见。

（2）审查程序

技术审查部门应及时与申请人进行沟通，现场核查前两个工作日告知申请人审查时间、审查内容以及需要配合事项。申请人的法定代表人（负责人）或其代理人、相关食品安全管理人员、专业技术人员、核查组成员及观察员应当参加首、末次会议，并在《现场核查首末次会议签到表》上签到。审查组按照《保健食品生产许可现场核查记录表》的要求组织现场核查，如实填写核查记录，并当场作出审查结论。《保健食品生产许可现场核查记录表》包括 103 项审查条款，其中关键项 9 项，重点项 36 项，一般项 58 项，审查组应对每项审查条款作出是否符合要求或不适用的审查意见。生产许可的现场核查应在 10 个工作日内完成。因不可抗力原因，或者供电、供水等客观原因导致现场核查无法正常开展的，申请人应当向许可机关书面提出许可中止申请。中止时间应当不超过 10 个工作日，中止时间不计入生产许可审批时限。

（3）现场核查内容包括生产条件审查、品质管理审查及生产过程审查 3 个方面。

①生产条件审查　保健食品生产厂区整洁卫生，车间布局合理，符合保健食品良好生产规范要求。空气净化系统、水处理系统运转正常，生产设施设备安置有序，与生产工艺相适应，便于保健食品的生产加工操作。计量器具和仪器仪表定期检定校验，生产厂房和设施设备定期保养维修。

②品质管理审查　企业根据注册或备案的产品技术要求，制定保健食品企业标准，加强原辅料采购、生产过程控制、质量检验以及贮存管理。检验室的设置应与生产品种和规模相适应，每批保健食品按照企业标准要求进行出厂检验，并进行产品留样。

③生产过程审查　企业制定保健食品生产工艺操作规程，建立生产批次管理制度，留存批生产记录。审查组根据注册批准或备案的生产工艺要求，查验保健食品检验合格报告和生产记录，动态审查关键生产工序，复核生产工艺的完整连续以及生产设备的合理布局。

（4）现场核查结束后，审查人员依不同情况作出审查结论。

①现场核查项目全部符合要求的，审查组应作出现场核查合格的结论。

②现场核查出现以下情形之一的，审查组应作出现场核查不合格的结论：现场核查有一项（含）以上关键项不符合要求的；现场核查有五项（含）以上重点项不符合要求的；现场核查有十项（含）以上一般项不符合要求的；现场核查有三项重点项不符合要求，五项（含）以上一般项不符合要求的；现场核查有四项重点项不符合要求，两项（含）以上一般项不符合要求的。

③现场核查不合格的，审查组应按照本通则的要求提出未通过生产许可的审查意见。

④申请人现场核查合格的，应在 1 个月内对现场核查中发现的问题进行整改，并向省级食品药品监督管理部门和实施日常监督管理的食品药品监督管理部门书面报告。

4. 生产许可审查意见

申请人经书面审查和现场核查合格的，审查组应提出通过生产许可的审查意见。

申请人出现以下情形之一，审查组应提出未通过生产许可的审查意见：书面审查不合格的；书面审查合格，现场核查不合格的；因申请人自身原因导致现场核查无法按时开展的。

整个生产许可审查完成后，技术审查部门根据保健食品生产许可审查意见，编写《保健食品生产许可技术审查报告》，并将审查材料和审查报告报送许可机关。

5. 审查决定

行政审批许可机关收到技术审查部门报送的审查材料和审查报告后，应对审查程序和审查意见的合法性、规范性以及完整性进行复查。许可审查部门认为技术审查环节在审查程序和审查意见方面存在问题的，应责令技术审查部门进行核实确认。

对通过生产许可审查的申请人，应当作出准予保健食品生产许可的决定；

对未通过生产许可审查的申请人，应当作出不予保健食品生产许可的决定。决定作出后，食品药品监管部门按照“一企一证”的原则，对通过生产许可审查的企业，颁发《食品生产许可证》，并标注保健食品生产许可事项。《食品生产许可品种明细表》应载明保健食品类别编号、类别名称、品种明细以及其他备注事项。保健食品注册号或备案号应在备注中载明，保健食品委托生产的，在备注中载明委托企业名称与住所等信息。原取得生产许可的保健食品，应在备注中标注原生产许可证编号。保健食品原料提取物生产许可，应在品种明细项目标注原料提取物名称，并在备注栏目载明该保健食品名称、注册号或备案号等信息；复配营养素生产许可，应在品种明细项目标注维生素或矿物质预混料，并在备注栏目载明该保健食品名称、注册号或备案号等信息。

6. 保健食品生产许可的变更、延续、注销与补办

（1）变更　申请人在生产许可证有效期内，变更生产许可证载明事项以及变更工艺设备布局、主要生产设施设备，影响保健食品产品质量安全的，应当在变化后10个工作日内，按照《保健食品生产许可申请材料目录》的要求，向原发证的食品药品监督管理部门提出变更申请。食品药品监督管理部门应按照本细则的要求，根据申请人提出的许可变更事项，组织审查组、开展技术审查、复查审查结论，并作出行政许可决定。

申请增加或减少保健食品生产品种的，品种明细参照《保健食品生产许可分类目录》。

保健食品注册或者备案的生产工艺发生变化的，申请人应当办理注册或者备案变更手续后，申请变更保健食品生产许可。

保健食品生产场所迁出原发证的食品药品监督管理部门管辖范围的，应当向其所在地省级食品药品监督管理部门重新申请保健食品生产许可。

保健食品外设仓库地址发生变化的，申请人应当在变化后10个工作日内向原发证的食品药品监督管理部门报告。

申请人生产条件未发生变化，需要变更以下许可事项的，省级食品药品监督管理部门经审查合格，可以直接变更许可证件：变更企业名称、法定代表人的；申请减少保健食品品种的；变更保健食品名称，产品的注册号或备案号未发生变化的；变更住所或生产地址名称，实际地址未发生变化的；委托生产的保健食品，变更委托生产企业名称或住所的。

（2）延续　申请延续保健食品生产许可证有效期的，应在该生产许可有效期届满30个工作日前，按照《保健食品生产许可申请材料目录》的要求，向原发证的食品药品监督管理部门提出延续申请。

申请人声明保健食品关键生产条件未发生变化，且不影响产品质量安全的，省级食品药品监督管理部门可以不再组织现场核查。

申请人的生产条件发生变化，可能影响保健食品安全的，省级食品药品监督管理部门应当组织审查组，进行现场核查。

（3）注销　申请注销保健食品生产许可的，申请人按照《保健食品生产许可申请材料目录》的要求，向原发证的食品药品监督管理部门提出注销申请。

（4）补办　保健食品生产许可证件遗失、损坏的，申请人应按照《食品生产许可管理办法》的相关要求，向原发证的食品药品监督管理部门申请补办。

二、保健食品生产企业的行政许可审批与管理

保健食品的生产许可遵循公开、公平、公正、便民原则。国家食品药品监督管理总局主管全国保健食品生产许可的管理工作，省、自治区、直辖市食品药品监督管理部门（以下称省级食品药品监督管理部门）负责本行政区域内保健食品生产许可管理工作。企业未取得保健食品生产许可，不得从事保健食品生产活动。国家食品药品监督管理总局和省级食品药品监督管理部门应当建立健全保健食品生产企业许可信息管理制度，及时公布保健食品生产许可相关信息。

（一）保健食品生产许可条件

1. 基本条件

申请保健食品生产许可的企业（以下简称申请企业），应当具有依法取得的保健食品产品注册证，符合《保健食品良好生产规范》规定的基本条件。

（1）具有与生产的保健食品品种、数量相适应的食品原料处理和食品加工、包装、贮存等场所，保持该场所环境整洁，并与有毒、有害场所以及其他污染源保持规定的距离。

（2）具有与生产的保健食品品种、数量相适应生产设备或者设施，有相应的消毒、更衣、盥洗、采光、照明、通风、防腐、防尘、防蝇、防鼠、防虫、洗涤以及处理废水、存放垃圾和废弃物的设备或者设施。

（3）具有与生产的保健食品品种、数量相适应的合理的设备布局和工艺流

程，防止待加工食品与直接入口食品、原料与成品交叉污染，避免食品接触有毒物、不洁物。

（4）从业人员应当经保健食品生产知识培训，熟悉操作规程，健康状况符合有关要求。企业的生产负责人、质量安全负责人应当熟悉保健食品相关法规，具有相关专业大专以上学历或中级以上技术职称，并具有5年以上保健食品生产或质量安全管理经验；具有能对所生产保健食品进行质量管理和质量检验的技术人员。

（5）具有与生产的保健食品品种、数量相适应的保证保健食品安全的培训、从业人员健康检查、健康档案等健康管理制度、进货查验记录、出厂检验记录、原料验收记录、生产过程等食品安全管理制度。

（6）法律法规和国家产业政策对生产保健食品有其他要求的，应当符合该要求。

2. 申请资料

（1）保健食品生产许可申请表。

（2）营业执照复印件或者工商行政管理部门出具的企业名称预先核准通知书。

（3）申请企业法定代表人（企业负责人）的身份证（明）或者资格证明复印件。

（4）生产场地合法使用的证明文件。

（5）保健食品生产场所及其周边环境图、生产厂区总平面图（包括生产车间、检验场所以及与生产有关的仓库等辅助场地）。

（6）生产车间平面布局图（包括更衣室、盥洗间、人流和物流通道、气闸等，并标明人、物流向和空气洁净度等级，空气净化系统的送风、回风、排风平面布置图，工艺设备平面布置图）；图纸需标明真实尺寸。

（7）拟生产品种及其《国产保健食品产品注册证》复印件、质量标准、标签说明书样稿。

（8）拟生产剂型及品种的配方、工艺流程图。

（9）主要生产设备及检验仪器清单。

（10）生产管理、质量管理制度目录。

（11）连续三批样品检验合格的质量检验报告。

（12）具备资质的检验机构出具近1年内的空气洁净度、水质等检测报告。

（13）生产管理和质量管理负责人的简历、学历或者职称证书，技术人员登记表。

（14）申请企业法定代表人（企业负责人）办理保健食品生产许可的，应当出示其身份证明原件；由委托代理人办理保健食品生产许可的，应当提供申请企业法定代表人（企业负责人）出具的授权委托书和委托代理人身份证明复印件，并出示委托代理人身份证明原件供核实。

（15）其他有助于许可审查的资料。原料前处理、提取等工序需要委托其他企业完成的，应提交该部分工艺说明、中间产品质量标准及储存运输要求、受托企业合法生产的证明文件。

（二）保健食品生产许可程序

保健食品的生产行政许可提交后，省级食品药品监督管理部门收到申请资料后，应当在5日内对申请资料的规范性、完整性进行形式审查，并作出是否受理的决定。

省级食品药品监督管理部门应当根据下列情况对申请企业提出的许可申请分别作出处理。

（1）申请事项依法不需要取得保健食品生产许可的，应当即时告知不予受理。

（2）申请事项依法不属于本部门职权范围的，应当即时作出不予受理的决定，并告知申请企业向有关行政机关申请。

（3）申请材料存在可以当场更正的错误的，应当允许申请企业当场更正，申请企业应当对更正内容签章确认。

（4）申请材料不齐全或者不符合法定形式的，应当当场或者在5个工作日内一次性告知申请企业需要补正的全部材料，逾期不告知的，自收到申请材料之日起即为受理。

（5）申请材料补正后仍不齐全或者不符合法定形式的，省级食品药品监督管理部门可以要求继续补正。无正当理由，自告知补正要求之日起超过2个月不提交补正材料的，视为放弃申请。

（6）申请事项属于本部门职权范围，申请材料齐全、符合法定形式，或者按照要求提交全部补正材料的，应当予以受理。

省级食品药品监督管理部门应当自受理之日起20日内对申请资料组织开展技术审查，进行现场核查。符合《保健食品良好生产规范》基本条件和相关要求的，向申请企业颁发《保健食品生产许可证》，并在10日内送达；对不符合规定要求的，作出不予行政许可的决定并书面说明理由，同时告知申请企业享有依法申请复审、行政复议或者提起行政诉讼的权利。

（三）保健食品生产许可证管理

保健食品生产场所不得用于生产药品等可能影响保健食品质量安全的其他产品。同一保健食品生产场所，只允许申办一个《保健食品生产许可证》，多个不同生产场所不得共用一个《保健食品生产许可证》。《保健食品生产许可证》的式样由国家食品药品监督管理总局统一制定，编号格式为：省（自治区、直辖市）简称 + 食健生证字 + 4位年号 + 4位顺序编号，有效期5年，不得转让、涂改、出借、倒卖、出租。保健食品生产企业应当在生产场所明显位置悬挂或者摆放《保健食品生产许可证》。

《保健食品生产许可证》载明许可证编号、企业名称、法定代表人（企业负责人）、注册地址、生产地址、生产的保健食品剂型、发证机关、发证日期、有效期等项目。附页中注明生产的保健食品品种名称、证书变更的有关信息。原料前处理、提取等工序委托其他企业完成的，应当在附页中注明受托企业名称及委托事项。保健食品生产企业应当按照《保健食品生产许可证》载明的品种组织生产，超出品种范围生产的保健食品视为无证生产。

（四）保健食品生产许可的变更

已取得《保健食品生产许可证》的企业在原生产地址新建、改建、扩建或增加生产剂型的，报原发证的省级食品药品监督管理部门申请变更。企业变迁地址新建的，向所在地省级食品药品监督管理部门提出申请。符合要求的，核发新的《保健食品生产许可证》。

已取得《保健食品生产许可证》的企业需要在已批准的生产范围内增加生产品种或变更原料前处理、提取等生产工艺的，报原发证的省级食品药品监督管理部门申请变更。符合要求的，在原《保健食品生产许可证》附页上注明变更内容。

保健食品生产企业变更《保健食品生产许可证》企业名称、法定代表人、注册地址等登记事项的，应当在工商行政管理部门核准变更后30日内，向原发证的省级食品药品监督管理部门提出申请，并提交保健食品生产许可证变更申请表、工商行政管理部门核准变更的营业执照或核准变更通知书复印件、保健食品生产许可证复印件。

《保健食品生产许可证》变更后，原发证的省级食品药品监督管理部门应当在《保健食品生产许可证》附页上记录变更的内容和时间，收回原《保健食品生产许可证》，变更后的《保健食品生产许可证》有效期不变。

（五）保健食品生产许可的延续

《保健食品生产许可证》有效期届满后申请企业拟继续生产的，应在有效期届满30日前，向原发证的省级食品药品监督管理部门提出延续申请，并提供延续申请表、原《保健食品生产许可证》复印件、生产条件有无变化的说明材料及省级食品药品监督管理部门规定的其他材料。逾期提出申请的，按照新申请《保健食品生产许可证》办理。

原发证部门受理《保健食品生产许可证》延续申请后，重点对原许可的生产设施、布局流程、主要技术人员等是否有变化，以及是否符合《保健食品良好生产规范》基本条件和相关要求等规定进行审核后作出决定是否发予新证。

（六）保健食品生产许可的补发和注销

申请补发《保健食品生产许可证》的，申请企业向原发证的各级食品药品监督管理部门提出书面申请并说明理由。因遗失申请补发的，提交省级以上公开发行的报刊上刊登的遗失声明的原件，并在刊登之日起20日后提出申请；因损毁申请补发的，应当交回《保健食品生产许可证》原件。符合要求的，按照原核准事项在受理补发申请之日起10日内补发《保健食品生产许可证》，生产许可证号、有效期不变，并在附页注明补发原因及补发日期。

有下列情形之一的，发证机关应当依法注销《保健食品生产许可证》。

（1）《保健食品生产许可证》有效期届满未申请延续的，或者延续申请未被批准的。

（2）保健食品生产企业依法终止的。

（3）《保健食品生产许可证》依法被撤销或者被吊销的。

（4）保健食品生产企业主动申请注销的。

（5）依法应当注销的《保健食品生产许可证》的其他情形。

《保健食品生产许可证》被注销的，原持证者应当及时将《保健食品生产许可证》交回原发证省级食品药品监督管理部门。省级食品药品监督管理部门应当及时做好注销《保健食品生产许可证》的有关登记工作。

第二节　保健食品生产企业日常监管

产品质量是生产出来的，而不是检验出来的。保健食品的生产监管一直以来都是保健食品监管工作的重点，为了全面贯彻新《食品安全法》，国家食品药品监督管理总局为此出台了《食品生产许可管理办法》，并明确规定了食品生产企业需取得食品生产许可证后方能进行生产活动。这一法规的出台，对于规范企业必备生产条件、督促企业加强生产过程控制、落实食品安全主体责任，以及改善食品安全总体水平，乃至推动食品工业健康持续发展都发挥了积极而重要的作用。为了贯彻落实《食品生产许可管理办法》，国家食品药品监督管理总局负责制定《食品生产许可审查通则和细则》，对《食品生产许可管理办法》的规定进行细化。针对保健食品生产企业的日常监督，总局制定了《保健食品生产企业日常监督现场检查工作指南》，对保健食品生产企业的现场检查工作作出了具体规定。

一、保健食品日常生产监管的相关规定

（一）法律法规对保健食品生产及其监管的规定

《中华人民共和国食品安全法》（2015 年 4 月 24 日，中华人民共和国主席令第二十一号公布，2015 年 10 月 1 日起施行）

新《食品安全法》第八十三条规定“生产保健食品，特殊医学用途配方食品、婴幼儿配方食品和其他专供特定人群的主辅食品的企业，应当按照良好生产规范的要求建立与所生产食品相适应的生产质量管理体系，定期对该体系的运行情况进行自查，保证其有效运行，并向所在地县级人民政府食品药品监督管理部门提交自查报告。”

（二）规章对保健食品生产及其监管的规定

《保健食品管理办法》

该办法中，生产监管的相关条款明确规定：保健食品的生产必须符合相应的规范和卫生要求，必须经省级卫生行政部门批准，才能生产经营。

（三）其他相关文件对保健食品生产及其监管的规定

1.《总局关于印发食品生产经营风险分级管理办法（试行）的通知》（食药监食监一〔2016〕115号，2016年12月1日起施行）

《食品生产经营风险分级管理办法（试行）》适用于食品药品监管部门对所有获得食品生产经营许可证的食品生产、食品销售和餐饮服务等食品生产经营者及食品添加剂生产者实施风险分级管理，婴幼儿配方乳粉、特殊医学用途配方食品、保健食品等特殊食品的生产经营实施风险分级管理也适用该办法。

2.《保健食品标识规定》（1996年7月18日，卫监发〔1996〕第38号发布实施）

对保健食品标识和产品说明书的内容及标示方式提出了具体规定。

3.《保健食品生产企业日常监督现场检查工作指南》

适用于已取得生产许可证的保健食品生产企业的现场监督检查。对检查人员、检查计划及准备、实施检查方法、检查重点内容、主要检查方式、处理措施等作出了具体规定。

4.《卫生部关于印发保健食品良好生产规范审查方法与评价准则的通知》（2003年4月2日，卫法监发〔2003〕77号公布）

该准则对保健食品GMP的审查程序作出了具体规定。

5.《关于加强保健食品生产经营日常监管的通知》（2010年4月27日，食药监办许〔2010〕34号发布）

该通知强调对保健食品生产企业的合法性、《保健食品良好生产规范》执行情况以及保健食品标签标识情况等进行检查。检查重点内容包括：违法添加行为、《保健食品良好生产规范》执行情况、保健食品委托加工行为、保健食品标签标识。

（四）保健食品生产及其监管相关的技术标准和规范

1.《保健食品良好生产规范》（GB 17405—1998）

该标准规定了保健食品生产企业的人员、设计与设施、原料、生产过程、成品贮存与运输以及品质和卫生管理方面的基本技术要求。

2.《食品安全国家标准 保健食品》（GB 16740—2014）

该标准于2015年5月24日实施，规定了保健食品的定义、技术要求和标签要求，是所有保健食品质量标准的依据。

3.《食品安全国家标准 预包装食品标签通则》（GB 7718—2011）

该标准规定了预包装食品、生产日期和规格的定义，食品添加剂、规格、生产者、经销者的名称、地址和联系方式的标示方式，强制标示内容的文字、符号、数字的高度不小于 1.8mm 时的包装物或包装容器的最大表面面积，食品中可能含有致敏物质时的推荐标示要求，适用于直接提供给消费者的预包装食品标签和非直接提供给消费者的预包装食品标签。

4.《食品安全国家标准 预包装特殊膳食用食品标签》（GB 13432—2013）

该标准于 2015 年 7 月 1 日实施，规定了特殊膳食用食品的定义、基本要求，适用于预包装特殊膳食用食品的标签（含营养标签），分为强制标示和可选标示内容。

二、保健食品生产企业日常监督主要检查内容

保健食品日常监督检查是指保健食品监管部门对已取得《保健食品生产许可证》的保健食品生产企业，按照新《食品安全法》《保健食品生产企业日常监督现场检查工作指南》及其他保健食品相关规定进行的监督检查工作。其主要检查内容共有以下 8 个方面。

（一）检查人员

《保健食品生产企业日常监督现场检查工作指南》中明确规定保健食品生产企业监管的现场检查人员至少 2 名。

检查人员应当具备的素质有：能将《保健食品良好生产规范》审查条款准确运用于检查工作；熟悉掌握国家有关保健食品监督管理的法律、法规；熟悉保健食品生产工艺流程和企业标准结构等基本常识，从企业标准中能够查阅到原料控制标准、出厂检验项目、型式检验周期、组批规则、抽样方案、说明书及标签管理要求等信息；具有较强的沟通和理解能力，在检查中能够正确表达检查要求，能够正确理解对方所表达的意见；具有较强的分析和判断能力，对检查中发现的问题能够客观分析，并作出正确判断。

检查人员在检查过程中，应当尊重企业的权力，遇到争议问题要认真听取其陈述，允许其申辩；涉及企业秘密，应当保密；遵守依法、廉洁、公正、客观、严谨、详实的原则；严格遵守检查程序。

（二）检查计划及准备

根据影响产品质量因素(人员、设备、物料、制度、环境)的动态变化情况，选择检查内容，制定现场检查实施方案（包括检查目的、检查范围、检查方式、检查重点、检查时间、检查分工、检查进度等），并准备《现场检查笔录》《现场监督检查意见书》等相关检查文书以及必要的现场记录设备。

根据既往检查情况和企业报送资料情况，了解企业变化情况、产品生产、销售情况、抽验情况、拟检查产品的相关资料（如保健食品批准证书、企业标准）等。

（三）实施检查

（1）进入企业现场后，首先向企业出示执法证件，告知企业检查目的，介绍检查组成员、检查依据、检查内容、检查流程及检查纪律，确定企业的检查陪同人员。听取企业生产、经营状况及质量管理等情况的介绍。

（2）在企业相关人员陪同下，分别对企业保存的文字资料、生产现场进行检查。

（3）检查过程中，对于检查的内容，尤其是发现的问题应当随时记录，并与企业相关人员进行确认。必要时，可进行产品抽样或对有关情况进行证据留存(如资料复印件、影视图像等)。

保健食品生产企业监督现场检查流程见图7–1。

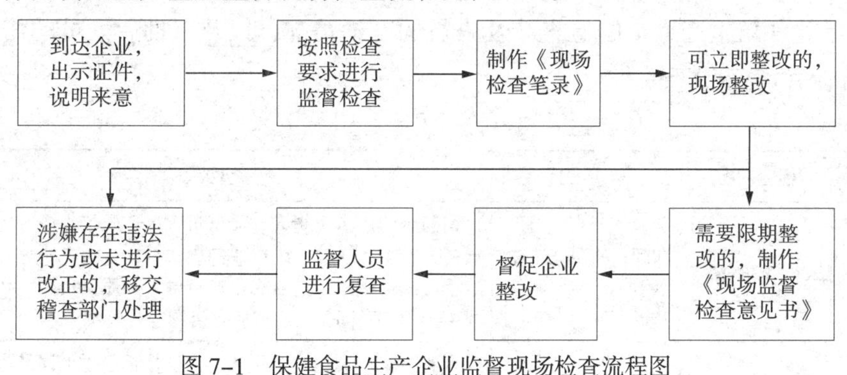

图7–1　保健食品生产企业监督现场检查流程图

（四）检查主要内容

保健食品生产现场检查的重点内容包括许可事项和标签标识、人员、原料、生产过程、成品储存、品质管理及委托生产等7个方面，共涉及34个项目。各地区可以此为参考，结合辖区实际情况，有针对性地选择检查内容，并制订相应的实施方案。如有其他需要检查项目，各地区应当根据现场需要具体安排。

1. 许可事项和标签标识

保健食品生产的许可事项和标签标识检查侧重于检查相关许可证件，主要针对通过审批后，企业可能存在的擅自变更名称、改建、扩建等项目进行检查，包括《保健食品生产许可证》,《保健食品批准证书》，标签、说明书，厂房设计图纸、设备设施清单等。

表 7–1　许可事项和标签标识审查表

序号	检查内容	检查方式	审查要点
1	《保健食品生产许可证》	查阅《保健食品生产许可证》	要求企业提供《保健食品生产许可证》原件，参照《营业执照》，核查实际企业名称、法定代表人、许可范围、注册地、生产地、许可期限等是否与批准的一致
2	《保健食品批准证书》	抽样和查阅《保健食品批准证书》	1. 要求企业提供所查品种的《保健食品批准证书》，核查与实际是否一致，批件是否过期 2. 从成品库或留样室抽取样品，逐个核对产品的说明书及标签信息是否与《保健食品批准证书》核准的内容一致
3	标签、说明书	抽样	标签标识内容是否符合《保健食品标识规定》，标签标识使用是否符合规定
4	厂房、设施设备	查阅设计图纸和设备设施清单；现场检查	根据企业提供的厂房设计图纸、设备设施清单，核对厂房车间、设施是否有擅自改建或扩建行为，是否与审批一致

2. 人员

保健食品生产人员的检查涉及人员的变动情况，以及审批后人员的培训和健康的后续管理情况。

表 7–2　人员审查表

序号	检查内容	检查方式	审查要点
1	人员变动情况	询问；查阅人员档案	1. 询问企业生产负责人、质量负责人、质检人员等主要人员是否发生过变动，记录姓名 2. 查看人员档案，是否有生产负责人和质量负责人任命书或劳动用工合同，人员资质是否符合要求
2	人员培训	询问；查阅人员培训档案	1. 查看人员培训档案，看从业人员是否经过上岗培训，尤其是新录用人员是否及时进行了上岗培训 2. 查看质检人员是否有职工登记表及学历证书或资质证书，必要时现场提问相关技术问题 3. 看采购人员是否经过相关培训，是否有本岗工作经验，必要时现场提问相关技术问题
3	人员健康	查阅人员健康档案	现场随机抽查企业内一定比例从业人员，看其是否有有效的健康体检证明

3. 原料

保健食品生产原料的检查针对当前保健食品中较为突出的非法添加问题，共有4个检查项目，包括原料库、原料供应商资质、原料出入库记录和原料质量。

表7-3　原料审查表

序号	检查内容	检查方式	审查要点
1	原料库	现场检查，查阅原料库台账，原料称量记录	1. 检查原料库存放的原料种类、原料用途，库房内是否有非申报成分的物质，如果发现存放有与所生产的保健食品品种无关的原料，要求企业说明其用途 2. 检查原料储存环境是否符合要求。是否保持仓库内通风、干燥；是否有防蝇、防尘、防鼠设施；温湿度是否符合要求；应该阴凉保存的原料是否在阴凉库 3. 检查原料是否按待检、合格和不合格分区管理，是否隔墙离地存放，合格备用的原料是否按不同批次分开存放 4. 检查是否设置有原料标识卡，卡上内容至少包含名称、批号（编号）、出入库记录（注释：进货时无批号的原料，企业应自行编号，以便质量追溯） 5. 对原料库台账、标识卡及原料进行核对，检查是否做到账、物、卡一致 6. 抽查若干原料，记录名称、供货商和编号（批号），进一步追溯原料购进情况
2	原料购进记录和供应商档案	查阅原料的购进记录和供应商资质	要求企业提供原料的购进记录和供应商资质，查看原料供应商档案建立情况，看其资质是否有效；必要时可要求企业提供财务账本，核对企业所进原料是否属实
3	原料出入库记录	查阅原料出入库记录、生产记录	1. 检查原料出入库记录，看记录内容是否完整和真实，记录应包括品名、规格、原料批号或编号、出入库数量、出入库时间、库存量、责任人 2. 比对出入库记录和生产记录，看原料领取量、批次与批生产记录中记录的使用量、批次是否一致
4	原料质量（原料的品种、来源、规格、质量应与批准的配方及产品企业标准相一致）	查阅企业标准、原料检验报告（注释：本部分检查可与批生产记录检查结合在一起检查）	1. 对照企业标准规定的原料要求，要求企业提供所抽批次原料的原料检验报告。核对原料检测引用的标准是否齐全、有效；检测项目是否符合引用标准的规定（注释：许多植物类原料检验引用了《中国药典》标准，则要查看原料检验是否按药典规定检验了所有项目） 2. 检查检验报告内容是否齐全、完整，是否有质检人员和质检负责人的签字 3. 企业需委托检验的项目，是否能提供相应的委托检验报告

4. 生产过程

保健食品的生产过程检查共有7个检查项目，涵盖了从投料开始一直到成品包装完成的整个生产过程。重点检查有两部分内容：一是审查批生产记录是否真实、完整，是否按核准的配方、生产工艺生产，是否能再现生产过程，保持生产过程的可追溯性。二是深入车间生产现场，检查生产过程中人员卫生、空气净化系统、清场、原料前处理等是否按要求操作，是否符合相应的卫生要求。

表 7-4　生产过程审查表

序号	检查内容	检查方式	审查要点
1	工艺规程	查阅产品的工艺规程文件	要求企业提供所抽产品的工艺规程文件，检查工艺规程是否包括配方、工艺流程、加工过程的主要技术条件及关键工序的质量和卫生控制点、物料平衡的计算方法等内容
2	批生产记录	查阅批生产记录 步骤：抽取样品，记录产品名称和批号，按批号追溯批生产记录。取样地点既可以是成品库，也可是留样室	1. 以所抽批次产品的批生产记录为追溯起点，检查批生产记录反映的生产过程是否完整，向前检查是否可追溯到所用原料的批次及原料检测报告，向后检查是否可追溯到成品出厂检验报告 2. 查看投料记录否有原料名称、批号（编号）、用量、原料检测报告单号，投料记录是否完整并经第二人复核 3. 查看批生产记录中的原料及用量是否与批准证书和企业提供的配方一致（注意：植物提取物与原植物不能相互代替） 4. 查看批生产记录中的生产工艺与参数（尤其是主要技术条件及关键工序的质量和卫生控制点）是否与企业提供的工艺规程一致 5. 查看是否有物料平衡记录，复核物料平衡记录的计算方法是否正确、结果是否准确；偏差是否按规定要求进行处理 6. 批生产记录中原料名称是否规范（不得使用数字、字母、编码组合等代名称） 7. 批生产记录是否包括了成品出厂检验报告 8. 批生产记录中是否留存了包装和说明书 9. 查看记录是否真实和完整，有无随意涂改现象
3	水系统	现场检查水处理系统并查阅水质报告	1. 检查生产用水是否符合《生活饮用水卫生标准》（GB5749）的规定，是否具有水质报告；核对工艺规程，检查工艺用水是否达到工艺规程要求，是否具有水质报告 2. 检查水处理系统运行是否正常，是否有记录
4	清场情况	查阅清场规程和记录； 现场检查	1. 查阅有关清场的操作规程，检查批生产记录是否包括了上一批次的产品的生产清场记录 2. 设备设施有无清洁状态标识 3. 检查现场卫生状况，重点检查回风口、地漏等部位的清洁消毒是否符合要求
5	生产操作人员的卫生	现场检查	1. 现场查看更衣、洗手、消毒等卫生设施是否齐全有效 2. 现场查看操作人员的工作服、鞋、帽是否符合相应生产区的卫生及管理要求
6	空气净化系统	现场检查； 查阅空调的运行时间表和运行记录，空气净化设施、设备维修记录	1. 查看生产时的空气净化系统是否正常运行，是否定期进行检测。压差计显示的数据是否符合规定 2. 检查洁净厂房的温湿度记录是否按时记录，记录的数据是否符合生产工艺的要求，温湿度记录中是否记录了当温湿度超过标准时所采取的措施 3. 检查洁净厂房内的空气净化设施、设备的维修记录，各设施设备的维修周期是否符合要求 4. 检查空气净化设施、设备维修时采取的措施是否能够切实有效的保证不对保健食品的生产造成污染

续　表

序号	检查内容	检查方式	审查要点
7	原料前处理	现场检查； 查阅批记录	1. 现场查看原料前处理车间是否装备有必要的通风、除尘、降温设施，运行是否正常 2. 现场查看提取完的提取物储存是否符合要求，是否有标识 3. 有前处理工艺的，在批记录里应有记录

5. 成品储存

保健食品成品的储存管理与产品质量安全息息相关。在保健食品日常生产监督中，主要检查成品库、成品出入库记录及非常温储存保健食品贮存温度控制等3个项目。

表 7–5　成品储存审查表

序号	检查内容	检查方式	审查要点
1	成品库	现场检查； 查阅温湿度记录	1. 检查成品库是否地面平整，便于通风换气，是否有防鼠、防虫设施 2. 检查成品是否离地、离墙存放 3. 检查成品库的容量是否与生产能力相适应 4. 检查成品库是否设有温湿度检测和调节装置 5. 检查是否有温湿度定期检测记录
2	成品出入库记录	查阅出入库记录	检查出入库记录，是否先进先出，记录信息是否齐全（成品入库应有存量记录，出货记录内容至少包括批号、出货时间、地点、对象、数量等，以便发现问题及时回收）
3	非常温下保存的保健食品贮运时的温度控制	现场检查	1. 检查成品温控设备（如冷藏室）是否正常运行 2. 检查成品贮存和设备是否符合企业标准规定

6. 品质管理

保健食品生产品质管理的检查包括品管组织机构运行情况、质量管理人员、加工过程的品质管理、检验室、仪器和计量器具的检定（校准）、成品出厂检验和型式检验、留样情况、生产环境检测能力等8个检查项目。

表 7–6　品质管理审查表

序号	检查内容	检查方式	审查要点
1	品管组织机构运行情况	查阅品质管理机构文件；询问	1. 查阅品质管理机构文件，是否直属企业负责人领导 2. 询问品质管理机构是否现行有效，是否与实际情况相符
2	质量管理人员	询问；查阅人员岗位职责	1. 询问质量检验、质量控制人员是否明确自己的岗位职责 2. 查阅各级质量管理人员岗位职责

续 表

序号	检查内容	检查方式	审查要点
3	加工过程的品质管理	查阅关键控制点监控记录	1. 查看各产品是否有质量、卫生关键控制点计划（工艺文件） 2. 抽查各产品的质量、卫生关键控制点计划中的关键控制点 1~3 个，索取相应的监控记录 3~5 批，看是否有超出控制限的情况，如果有，是否进行了纠偏。品质部门是否有相关记录
4	检验室	现场检查； 询问	1. 现场查看是否有符合要求的微生物和理化检验室及相应的仪器设备；仪器设备是否与所生产产品种类相适应 2. 查看成品检验记录及现场提问，以了解是否有能力检测产品企业标准中规定的出厂检验指标
5	仪器和计量器具的检定（校准）	查阅检定报告； 现场检查	依据企业标准核查检验仪器和计量器具的配置情况，现场随机记下 3~5 个计量器具或检测仪器编号，查看是否有相应的检定报告
6	成品出厂检验和型式检验	查阅出厂检验报告和型式检验报告（注释：可与批生产记录检查结合在一起检查）	1. 根据已备案的企业标准，检查所抽产品出厂检验所引用的标准是否齐全、有效 2. 随机抽取 2~3 个批号的产品，查看是否按企业标准规定的出厂检验项目进行检验 3. 查看所抽产品的型式检验报告项目是否齐全，按企业标准规定的检验周期是否在有效期内
7	留样情况	现场检查	现场查看是否有专设的留样室和留样记录；是否按品种、批号分类存放，标识明确；留样数量是否符合标准要求
8	生产环境检测能力	查阅生产环境检测记录或检测报告	检查企业是否按操作规程的要求，定期对生产环境进行检测，是否有检测记录或检测报告

7. 委托生产

委托生产的检查共有 5 个检查项目。由于委托生产涉及委托双方，因此要重点查看委托生产协议中是否明确委托双方产品质量责任。审查生产过程是否在同一受托方连续完成，可以防止市场上出现委托方非法委托其他企业大量加工，损害受托方的情况。另外，还要审查《委托生产指令》、批记录和标签、说明书等材料是否符合委托生产的要求。

表 7–7　委托生产审查表

序号	检查内容	检查方式	审查要点
1	委托生产协议	查阅委托生产协议	查看委托生产协议是否明确委托双方产品质量责任（委托方有向受托方提供经注册审批的产品配方、工艺流程、质量标准的义务；受托方应对委托方提供的原辅料、包材的质量进行检验，并对标签、标识、说明书内容的合法性进行检查；保健食品批准证书持有者对产品质量负总责）

续　表

序号	检查内容	检查方式	审查要点
2	批生产指令台账	查阅批生产指令台账	1. 检查有无批生产指令台账，批生产指令台账是否明确产品名称、规格、剂型、批量，原料预算用量等内容 2. 检查批生产指令台账是否与批生产记录一起保存
3	批记录留存	查阅批记录	检查受托方是否留存批记录原件，委托方是否留存复印件。批记录至少包括批生产记录、批包装记录和批检验记录
4	生产过程	查阅批生产记录	1. 检查从投料至生产出最小销售包装的全过程是否都在同一企业完成（前处理除外） 2. 前处理（如提取工艺）若有二次委托的，查看是否有二次委托手续（应留存二次委托合同和前处理批生产记录）
5	标签和说明书	查看产品包装、标签和说明书	检查产品最小销售包装、标签和说明书是否标注委托方和受托方双方的企业名称、地址和保健食品生产企业卫生许可证号

（五）处理措施

（1）检查结束后，检查人员可要求企业人员回避，汇总检查情况，核对检查中发现的问题，讨论确定检查意见。遇到特殊情况时，应当及时向主管领导汇报。

（2）与企业沟通，核实发现的问题，通报检查情况。经确认，填写《现场检查笔录》。笔录应当全面、真实、客观地反映现场检查情况，并具有可追溯性（符合规定的项目与不符合规定的项目均应记录）。

（3）对发现的不合格项目，能立即整改的，应当监督企业当场整改。不能立即整改的，监督人员应当下达《现场监督检查意见书》，根据企业生产管理情况，责令限期整改，并跟踪复查。逾期不整改或整改后仍不符合要求的，应当移交稽查部门处理。

（4）对发现涉嫌存在违法行为的，应当直接移交稽查部门依法查处。

（5）若检查中发现保健食品广告存在夸大宣传等问题，应当及时移送负责广告监管的行政管理部门。

（6）要求企业负责人在《现场检查笔录》《现场监督检查意见书》上签字确认，拒绝签字或由于企业原因无法实施检查的，应当由至少2名检查人员在检查记录中注明情况并签字确认。

（7）将日常监督现场检查材料、企业整改材料及跟踪检查材料，归入日常监督管理档案。

第三节　保健食品生产企业违法责任

保健食品已经成为食品行业中的亮点，也是食品行业转型升级的制高点，其生产控制直接关系到产品质量和安全。然而，在保健食品生产中存在的一些违法行为，困扰着行业的发展，损害了消费者利益。

一、保健食品生产行政许可违法处罚

（1）新《食品安全法》第一百二十二条规定：未取得食品生产经营许可证从事食品生产经营活动，由县级以上人民政府食品药品监督管理部门没收违法所得和违法生产经营的食品以及用于违法生产经营的工具、设备、原料等物品；货值金额不足一万元的，并处五万元以上十万元以下罚款；货值金额一万元以上的，并处货值金额十倍以上二十倍以下罚款。

（2）《食品生产许可管理办法》第五十一条规定：许可申请人隐瞒真实情况或者提供虚假材料申请食品生产许可的，由县级以上地方食品药品监督管理部门给予警告。申请人在1年内不得再次申请食品生产许可。

（3）《食品生产许可管理办法》第五十二条规定：被许可人以欺骗、贿赂等不正当手段取得食品生产许可的，由原发证的食品药品监督管理部门撤销许可，并处1万元以上3万元以下罚款。被许可人在3年内不得再次申请食品生产许可。

（4）《食品生产许可管理办法》第五十三条规定：食品生产者伪造、涂改、倒卖、出租、出借、转让食品生产许可证的，由县级以上地方食品药品监督管理部门责令改正，给予警告，并处1万元以下罚款；情节严重的，处1万元以上3万元以下罚款。

（5）《食品生产许可管理办法》第五十四条规定：食品生产者工艺设备布局和工艺流程、主要生产设备设施等事项发生变化，需要变更食品生产许可证载明的许可事项，未按规定申请变更的，由原发证的食品药品监督管理部门责令改正，给予警告；拒不改正的，处2000元以上1万元以下罚款。食品生产许可证副本载明的同一食品类别内的事项、外设仓库地址发生变化，食品生产者未按规定报告的，或者食品生产者终止食品生产，食品生产许可被撤回、撤销或

者食品生产许可证被吊销，未按规定申请办理注销手续的，由原发证的食品药品监督管理部门责令改正；拒不改正的，给予警告，并处 2000 元以下罚款。

（6）《食品生产许可管理办法》第五十五条规定：被吊销生产许可证的食品生产者及其法定代表人、直接负责的主管人员和其他直接责任人员自处罚决定作出之日起 5 年内不得申请食品生产经营许可，或者从事食品生产经营管理工作、担任食品生产经营企业食品安全管理人员。

二、保健食品日常生产违法处罚

（1）新《食品安全法》第一百二十三条规定：生产经营添加药品的食品，尚不构成犯罪的，由县级以上人民政府食品药品监督管理部门没收违法所得和违法生产经营的保健食品，并可以没收用于违法生产经营的工具、设备、原料等物品；货值金额不足一万元的，并处十万元以上十五万元以下罚款；货值金额一万元以上的，并处货值金额十五倍以上三十倍以下罚款；情节严重的，吊销许可证，并可以由公安机关对其直接负责的主管人员和其他直接责任人员处五日以上十五日以下拘留。

（2）新《食品安全法》第一百二十四条规定：生产经营未按规定注册的保健食品，或者未按注册的产品配方、生产工艺等技术要求组织生产的，尚不构成犯罪的，由县级以上人民政府食品药品监督管理部门没收违法所得和违法生产经营的保健食品，并可以没收用于违法生产经营的工具、设备、原料等物品；货值金额不足一万元的，并处五万元以上十万元以下罚款；货值金额一万元以上的，并处货值金额十倍以上二十倍以下罚款；情节严重的，吊销许可证。

（3）新《食品安全法》第一百二十六条规定：保健食品生产企业未按规定向食品药品监督管理部门备案，或者未按备案的产品配方、生产工艺等技术要求组织生产的；特殊食品生产企业未按规定建立生产质量管理体系并有效运行，或者未定期提交自查报告；由县级以上人民政府食品药品监督管理部门责令改正，给予警告；拒不改正的，处五千元以上五万元以下罚款；情节严重的，责令停产停业，直至吊销许可证。

第八章　保健食品经营企业监督管理

第一节　保健食品经营企业行政许可管理

一、保健食品经营企业行政许可相关规定

食品经营许可证是食品经营者取得合法生产经营食品的依据。新《食品安全法》规定，国家对食品生产经营实行许可制度。为规范食品经营许可活动，加强食品经营监督管理，保障食品安全，国家食品药品监督管理总局2015年颁布并实施了《食品经营许可管理办法》，为保障《食品经营许可管理办法》的顺利贯彻实施，同一年还制定了《食品经营许可审查通则（试行）》。保健食品具有食品的属性，其经营者需要取得许可证后，才能从事保健食品经营活动。

（一）《食品经营许可管理办法》

第十条　申请食品经营许可，应当按照食品经营主体业态和经营项目分类提出。

食品经营项目分为预包装食品销售（含冷藏冷冻食品、不含冷藏冷冻食品）、散装食品销售（含冷藏冷冻食品、不含冷藏冷冻食品）、特殊食品销售（保健食品、特殊医学用途配方食品、婴幼儿配方乳粉、其他婴幼儿配方食品）、其他类食品销售；热食类食品制售、冷食类食品制售、生食类食品制售、糕点类食品制售、自制饮品制售、其他类食品制售等。

（二）《食品经营许可审查通则（试行）》

《食品经营许可审查通则（试行）》第三章第三节对保健食品等特殊食品的销售经营许可作出了具体规定，如下。

第二十条　申请保健食品销售、特殊医学用途配方食品销售、婴幼儿配方乳粉销售、婴幼儿配方食品销售的，应当在经营场所划定专门的区域或柜台、

货架摆放、销售。

第二十一条　申请保健食品销售、特殊医学用途配方食品销售、婴幼儿配方乳粉销售、婴幼儿配方食品销售的，应当分别设立提示牌，注明“**** 销售专区（或专柜）”字样，提示牌为绿底白字，字体为黑体，字体大小可根据设立的专柜或专区的空间大小而定。

二、保健食品经营企业的行政许可审批与管理

新《食品安全法》明确规定将保健食品纳入食品管理，因此保健食品的经营行政许可依从《食品经营许可管理办法》。食品经营许可实行一地一证原则，即食品经营者在一个经营场所从事食品经营活动，应当取得一个食品经营许可证。食品药品监督管理部门按照食品经营主体业态和经营项目的风险程度对食品经营实施分类许可。国家食品药品监督管理总局负责监督指导全国食品经营许可管理工作。县级以上地方食品药品监督管理部门负责本行政区域内的食品经营许可管理工作。省、自治区、直辖市食品药品监督管理部门可以根据食品类别和食品安全风险状况，确定市、县级食品药品监督管理部门的食品经营许可管理权限。国家食品药品监督管理总局负责制定食品经营许可审查通则。县级以上地方食品药品监督管理部门实施食品经营许可审查。为保障《食品经营许可管理办法》的顺利贯彻实施，总局制定了《食品经营许可审查通则（试行）》，细化了食品经营许可的具体审查方法。

（一）保健食品经营许可条件

1. 基本条件

申请食品经营许可，应当先行取得营业执照等合法主体资格。企业法人、合伙企业、个人独资企业、个体工商户等，以营业执照载明的主体作为申请人。申请食品经营许可，应当按照食品经营主体业态和经营项目分类提出。

申请食品经营许可，应当符合下列条件。

（1）具有与经营的食品品种、数量相适应的食品原料处理和食品加工、销售、贮存等场所，保持该场所环境整洁，并与有毒、有害场所以及其他污染源保持规定的距离。

（2）具有与经营的食品品种、数量相适应的经营设备或者设施，有相应的消毒、更衣、盥洗、采光、照明、通风、防腐、防尘、防蝇、防鼠、防虫、洗

涤以及处理废水、存放垃圾和废弃物的设备或者设施。

（3）有专职或者兼职的食品安全管理人员和保证食品安全的规章制度。

（4）具有合理的设备布局和工艺流程，防止待加工食品与直接入口食品、原料与成品交叉污染，避免食品接触有毒物、不洁物。

（5）法律、法规规定的其他条件。

2. 申请资料

申请食品经营许可，应当向申请人所在地县级以上地方食品药品监督管理部门提交下列材料。

（1）食品经营许可申请书。

（2）营业执照或者其他主体资格证明文件复印件。

（3）与食品经营相适应的主要设备设施布局、操作流程等文件。

（4）食品安全自查、从业人员健康管理、进货查验记录、食品安全事故处置等保证食品安全的规章制度。

利用自动售货设备从事食品销售的，申请人还应当提交自动售货设备的产品合格证明、具体放置地点，经营者名称、住所、联系方式、食品经营许可证的公示方法等材料。

申请人委托他人办理食品经营许可申请的，代理人应当提交授权委托书以及代理人的身份证明文件。

3. 申请受理

县级以上地方食品药品监督管理部门对申请人提出的食品经营许可申请，决定予以受理的，应当出具受理通知书；决定不予受理的，应当出具不予受理通知书，说明不予受理的理由，并告知申请人依法享有申请行政复议或者提起行政诉讼的权利。

根据下列情况不同分别作出受理决定。

（1）申请事项依法不需要取得食品经营许可的，应当即时告知申请人不受理。

（2）申请事项依法不属于食品药品监督管理部门职权范围的，应当即时作出不予受理的决定，并告知申请人向有关行政机关申请。

（3）申请材料存在可以当场更正的错误的，应当允许申请人当场更正，由申请人在更正处签名或者盖章，注明更正日期。

（4）申请材料不齐全或者不符合法定形式的，应当当场或者在 5 个工作日内一次告知申请人需要补正的全部内容。当场告知的，应当将申请材料退回申请人；在5个工作日内告知的，应当收取申请材料并出具收到申请材料的凭据。逾期不告知的，自收到申请材料之日起即为受理。

（5）申请材料齐全、符合法定形式，或者申请人按照要求提交全部补正材料的，应当受理食品经营许可申请。

（二）保健食品经营许可程序

1. 经营许可审查

县级以上地方食品药品监督管理部门应当对申请人提交的许可申请材料进行审查。需要对申请材料的实质内容进行核实的，应当进行现场核查。仅申请预包装食品销售（不含冷藏冷冻食品）的，以及食品经营许可变更不改变设施和布局的，可以不进行现场核查。

现场核查人员不得少于2人，核查人员需出示有效证件，填写食品经营许可现场核查表，制作现场核查记录，经申请人核对无误后，由核查人员和申请人在核查表和记录上签名或者盖章。申请人拒绝签名或者盖章的，核查人员应当注明情况。核查人员应当自接受现场核查任务之日起10个工作日内，完成对经营场所的现场核查。

2. 经营许可决定

除可以当场作出行政许可决定的外，县级以上地方食品药品监督管理部门应当自受理申请之日起20个工作日内作出是否准予行政许可的决定。因特殊原因需要延长期限的，经本行政机关负责人批准，可以延长10个工作日，并应当将延长期限的理由告知申请人。

县级以上地方食品药品监督管理部门应当根据申请材料审查和现场核查等情况，对符合条件的，作出准予经营许可的决定，并自作出决定之日起10个工作日内向申请人颁发食品经营许可证；对不符合条件的，应当及时作出不予许可的书面决定并说明理由，同时告知申请人依法享有申请行政复议或者提起行政诉讼的权利。

（三）保健食品经营许可管理

国家食品药品监督管理总局负责制定食品经营许可证正本、副本式样。省级食品药品监督管理部门负责本行政区域食品经营许可证的印制、发放等管理工作。食品经营许可证编号由JY（“经营”的汉语拼音字母缩写）和14位阿拉伯数字组成。数字从左至右依次为：1位主体业态代码、2位省（自治区、直辖市）代码、2位市（地）代码、2位县（区）代码、6位顺序码、1位校验码。食品经营许可证发证日期为许可决定作出的日期，有效期为5年，分为正本、副本。正本、副本具有同等法律效力。食品经营许可证应当载明：经营者名称、社会信用代码（个体经营者为身份证号码）、法定代表人（负责人）、住所、经营场所、主体业态、经营项目、许可证编号、有效期、日常监督管理机构、日常监督管理人员、投诉举报电话、发证机关、签发人、发证日期和二维码。在经营场所外设置仓库（包括自有和租赁）的，还应当在副本中载明仓库具体地址。

（四）保健食品经营许可的变更

食品经营许可证载明的许可事项发生变化的，食品经营者应当在变化后10个工作日内向原发证的食品药品监督管理部门申请变更经营许可。原发证的食品药品监督管理部门决定准予变更的，应当向申请人颁发新的食品经营许可证。食品经营许可证编号不变，发证日期为食品药品监督管理部门作出变更许可决定的日期，有效期与原证书一致。

经营场所发生变化的，应当重新申请食品经营许可。外设仓库地址发生变化的，食品经营者应当在变化后10个工作日内向原发证的食品药品监督管理部门报告。申请变更食品经营许可的，应当提交食品经营许可变更申请书、食品经营许可证正副本、与变更食品经营许可事项有关的其他材料。

（五）保健食品经营许可的延续

食品经营者需要延续依法取得的食品经营许可的有效期的，应当在该食品经营许可有效期届满30个工作日前，向原发证的食品药品监督管理部门提出申请，并提交食品经营许可延续申请书、食品经营许可证正副本、与延续食品经营许可事项有关的其他材料。

县级以上地方食品药品监督管理部门应当对变更或者延续食品经营许可的申请材料进行审查。申请人声明经营条件未发生变化的，县级以上地方食品药品监督管理部门可以不再进行现场核查。申请人的经营条件发生变化，可能影响食品安全的，食品药品监督管理部门应当就变化情况进行现场核查。县级以上地方食品药品监督管理部门应当根据被许可人的延续申请，在该食品经营许可有效期届满前作出是否准予延续的决定。原发证的食品药品监督管理部门决定准予延续的，颁发新的食品经营许可证，许可证编号不变，有效期自作出延续许可决定之日起计算。不符合许可条件的，作出不予延续食品经营许可的书面决定，并说明理由。

（六）保健食品经营许可证的补办与注销

食品经营许可证遗失、损坏的，应当向原发证的食品药品监督管理部门申请补办，并提交食品经营许可证补办申请书。食品经营许可证遗失的，申请人还应当提交在县级以上地方食品药品监督管理部门网站或者其他县级以上主要媒体上刊登遗失公告的材料；食品经营许可证损坏的，还应当提交损坏的食品经营许可证原件。

材料符合要求的，县级以上地方食品药品监督管理部门应当在受理后20个工作日内予以补发。因遗失、损坏补发的食品经营许可证，许可证编号不变，发证日期和有效期与原证书保持一致。

食品经营者终止食品经营，食品经营许可被撤回、撤销或者食品经营许可证被吊销的，应当在30个工作日内向原发证的食品药品监督管理部门申请办理注销手续。

食品经营者申请注销食品经营许可的，应当向原发证的食品药品监督管理部门提交下列材料：食品经营许可注销申请书；食品经营许可证正本、副本；与注销食品经营许可有关的其他材料。

（七）监督检查

县级以上地方食品药品监督管理部门对食品经营者的许可事项进行监督检查，并建立食品许可管理信息平台，便于公民、法人和其他社会组织查询。县级以上地方食品药品监督管理部门应当将食品经营许可颁发、许可事项检查、日常监督检查、许可违法行为查处等情况记入食品经营者食品安全信用档案，并依法向社会公布；对有不良信用记录的食品经营者应当增加监督检查频次。县级以上地方食品药品监督管理部门日常监督管理人员负责所管辖食品经营者许可事项的监督检查，并按照规定的频次对所管辖的食品经营者实施全覆盖检查。国家食品药品监督管理总局可以定期或者不定期组织对全国食品经营许可工作进行监督检查；省级食品药品监督管理部门可以定期或者不定期组织对本行政区域内的食品经营许可工作进行监督检查。

第二节 保健食品经营企业日常监管

一、保健食品日常经营监管的相关规定

保健食品，它归根结底还是食品，只是具有了一些特定功能声称，不对人体产生任何急性、亚急性的危害，因此保健食品的经营及其监管部分参考了食品的经营监管。其涉及的法律依据如下。

（一）法律法规对保健食品经营及其监管的规定

新《食品安全法》

第四条 食品生产经营者对其生产经营食品的安全负责。

第三十三条 食品生产经营应当符合食品安全标准，并符合下列要求：

（一）具有与生产经营的食品品种、数量相适应的食品原料处理和食品加工、包装、贮存等场所，保持该场所环境整洁，并与有毒、有害场所以及其他污染源保持规定的距离；

（二）具有与生产经营的食品品种、数量相适应的生产经营设备或者设施，有相应的消毒、更衣、盥洗、采光、照明、通风、防腐、防尘、防蝇、防鼠、防虫、洗涤以及处理废水、存放垃圾和废弃物的设备或者设施；

（三）有专职或者兼职的食品安全专业技术人员、食品安全管理人员和保证食品安全的规章制度；

（四）具有合理的设备布局和工艺流程，防止待加工食品与直接入口食品、原料与成品交叉污染，避免食品接触有毒物、不洁物；

（五）餐具、饮具和盛放直接入口食品的容器，使用前应当洗净、消毒，炊具、用具用后应当洗净，保持清洁；

（六）贮存、运输和装卸食品的容器、工具和设备应当安全、无害，保持清洁，防止食品污染，并符合保证食品安全所需的温度、湿度等特殊要求，不得将食品与有毒、有害物品一同贮存、运输；

（七）直接入口的食品应当使用无毒、清洁的包装材料、餐具、饮具和容器；

（八）食品生产经营人员应当保持个人卫生，生产经营食品时，应当将手洗

净，穿戴清洁的工作衣、帽等；销售无包装的直接入口食品时，应当使用无毒、清洁的容器、售货工具和设备；

（九）用水应当符合国家规定的生活饮用水卫生标准；

（十）使用的洗涤剂、消毒剂应当对人体安全、无害；

（十一）法律、法规规定的其他要求。

非食品生产经营者从事食品贮存、运输和装卸的，应当符合前款第六项的规定。

第三十四条　禁止生产经营下列食品、食品添加剂、食品相关产品：

（一）用非食品原料生产的食品或者添加食品添加剂以外的化学物质和其他可能危害人体健康物质的食品，或者用回收食品作为原料生产的食品；

（二）致病性微生物，农药残留、兽药残留、生物毒素、重金属等污染物质以及其他危害人体健康的物质含量超过食品安全标准限量的食品、食品添加剂、食品相关产品；

（三）用超过保质期的食品原料、食品添加剂生产的食品、食品添加剂；

（四）超范围、超限量使用食品添加剂的食品；

（五）营养成分不符合食品安全标准的专供婴幼儿和其他特定人群的主辅食品；

（六）腐败变质、油脂酸败、霉变生虫、污秽不洁、混有异物、掺假掺杂或者感官性状异常的食品、食品添加剂；

（七）病死、毒死或者死因不明的禽、畜、兽、水产动物肉类及其制品；

（八）未按规定进行检疫或者检疫不合格的肉类，或者未经检验或者检验不合格的肉类制品；

（九）被包装材料、容器、运输工具等污染的食品、食品添加剂；

（十）标注虚假生产日期、保质期或者超过保质期的食品、食品添加剂；

（十一）无标签的预包装食品、食品添加剂；

（十二）国家为防病等特殊需要明令禁止生产经营的食品；

（十三）其他不符合法律、法规或者食品安全标准的食品、食品添加剂、食品相关产品。

第三十五条　国家对食品生产经营实行许可制度。从事食品生产、食品销售、餐饮服务，应当依法取得许可。

第三十八条　生产经营的食品中不得添加药品，但是可以添加按照传统既是食品又是中药材的物质。按照传统既是食品又是中药材的物质目录由国务院卫生行政部门会同国务院食品药品监督管理部门制定、公布。

第四十四条 食品生产经营企业应当建立健全食品安全管理制度，对职工进行食品安全知识培训，加强食品检验工作，依法从事生产经营活动。

食品生产经营企业的主要负责人应当落实企业食品安全管理制度，对本企业的食品安全工作全面负责。

食品生产经营企业应当配备食品安全管理人员，加强对其培训和考核。经考核不具备食品安全管理能力的，不得上岗。食品药品监督管理部门应当对企业食品安全管理人员随机进行监督抽查考核并公布考核情况。监督抽查考核不得收取费用。

第四十五条 食品生产经营者应当建立并执行从业人员健康管理制度。患有国务院卫生行政部门规定的有碍食品安全疾病的人员，不得从事接触直接入口食品的工作。

从事接触直接入口食品工作的食品生产经营人员应当每年进行健康检查，取得健康证明后方可上岗工作。

第四十七条 食品生产经营者应当建立食品安全自查制度，定期对食品安全状况进行检查评价。生产经营条件发生变化，不再符合食品安全要求的，食品生产经营者应当立即采取整改措施；有发生食品安全事故潜在风险的，应当立即停止食品生产经营活动，并向所在地县级人民政府食品药品监督管理部门报告。

第五十三条 食品经营者采购食品，应当查验供货者的许可证和食品出厂检验合格证或者其他合格证明（以下称合格证明文件）。

食品经营企业应当建立食品进货查验记录制度，如实记录食品的名称、规格、数量、生产日期或者生产批号、保质期、进货日期以及供货者名称、地址、联系方式等内容，并保存相关凭证。记录和凭证保存期限应当符合本法第五十条第二款的规定。

实行统一配送经营方式的食品经营企业，可以由企业总部统一查验供货者的许可证和食品合格证明文件，进行食品进货查验记录。

从事食品批发业务的经营企业应当建立食品销售记录制度，如实记录批发食品的名称、规格、数量、生产日期或者生产批号、保质期、销售日期以及购货者名称、地址、联系方式等内容，并保存相关凭证。记录和凭证保存期限应当符合本法第五十条第二款的规定。

第五十四条 食品经营者应当按照保证食品安全的要求贮存食品，定期检查库存食品，及时清理变质或者超过保质期的食品。

第七十二条　食品经营者应当按照食品标签标示的警示标志、警示说明或者注意事项的要求销售食品。

（二）规章对保健食品经营及其监管的规定

《保健食品管理办法》

第二十条　保健食品经营者采购保健食品时，必须索取卫生部发放的《保健食品批准证书》复印件和产品检验合格证。

采购进口保健食品应索取《进口保健食品批准证书》复印件及口岸进口食品卫生监督检验机构的检验合格证。

第二十八条　保健食品生产经营者的一般卫生监督管理，按照《食品卫生法》及有关规定执行。

（三）其他相关文件对保健食品经营及其监管的规定

1.《国家食品药品监督管理局关于发布保健食品生产经营企业索证索票和台账管理规定的公告》（2012 年 11 月 8 日，国家食品药品监督管理局公告 2012 年第 67 号发布）

2.《保健食品经营企业日常监督现场检查工作指南》

本指南适用于食品药品监督管理部门对已取得许可证的保健食品经营企业进行的现场监督检查。保健食品经营企业的监督检查关键点主要有：销售产品合法性、进货渠道、标签说明书、索证索票、产品有效期。

3.《关于加强保健食品生产经营日常监管的通知》（2010 年 04 月 27 日，食药监办许〔2010〕34 号发布）

二、保健食品经营企业日常监督主要检查内容

保健食品经营企业的日常监督方式主要是食品药品监督管理部门对已取得许可证的保健食品经营企业，按照新《食品安全法》及保健食品相关规定进行的现场监督检查，其检查的重点内容如下。

（一）保健食品管理制度及其落实情况

保健食品经营企业的卫生状况是保证保健食品卫生，防止保健食品污染和食物中毒最重要的部分，必须明确责任，严格管理。因此，保健食品经营企业

应当建立本单位的保健食品安全管理制度，加强对职工保健食品安全知识的培训，配备专职或者兼职保健食品安全管理人员，做好对所经营保健食品的检验工作。加强对所经营保健食品的安全管理，严格保健食品卫生质量的自我控制，保证保健食品卫生，保障人民健康，是保健食品经营企业的法律义务。

1. 索票索证制度

保健经营企业应当建立索票索证制度，索取保健食品相关法规规定的证件及票据，以便查证保健食品生产企业的资质。经营企业索证应当包括以下内容。

（1）保健食品生产企业和供应商的营业执照。

（2）保健食品生产许可和流通许可证明文件，或其他证明材料。

（3）保健食品批准证书（含技术要求）和产品质量标准。

（4）保健食品出厂检验合格报告，进口保健食品还应索取检验检疫合格证明。

（5）法律法规规定的其他材料。

如提供复印件的，应逐页加盖（或首页加盖，其他页骑缝加盖）保健食品生产企业或供应商的公章并存档备查。

经营企业索票应当索取供应商出具的销售发票及相关凭证，凭证应至少注明保健食品的名称、注册证号、规格、数量、生产日期、生产批号、保质期、单价、金额、销售日期。实行统一购进、统一配送、统一管理的连锁经营企业，可由总部统一索取查验相关证、票并存档，建立电子化档案，供各连锁经营企业从经营终端进行查询索证情况。各连锁经营企业自行采购的保健食品，应当按照要求自行索证索票。

2. 进货查验制度

食品进货查验制度，是指食品经营者根据国家有关规定和同食品生产者或其他供货者之间合同的约定，对购进的食品质量进行检查，符合规定和约定的予以验收的制度。这是法律对食品经营者规定的一项重要法律义务，其目的是为了对食品销售者销售的货源进行把关，保证食品经营者所销售食品的质量。

执行进货查验制度，不仅是保证食品安全的措施，也是保护食品经营者自身合法权益的重要措施。食品经营者对所进货物进行检查验收，发现存在食品安全问题时，可以提出异议，经进一步证实所进食品不符合食品安全要求的，可以拒绝验收进货。如果食品经营者不认真执行进货查验制度，对不符合食品安全标准的食品，予以验收进货，则责任随即转移到食品经营者一方。因此食品经营者必须认真执行进货查验制度，避免因盲目采购不安全食品造成的经济损失和一旦造成食物中毒和人身伤亡事故所要承担的法律责任。

3. 从业人员健康管理制度

食品生产经营者应当建立并执行从业人员健康管理制度。为了预防传染病的传播和由于食品污染引起的食源性疾病及食物中毒的发生，保证消费者的身体健康，食品生产经营者应建立并执行从业人员健康管理制度。从业健康人员健康管理制度一般包括取得健康证明后方能上岗、每年进行健康检查、食品生产经营者为员工建立健康档案、管理人员负责组织本单位员工的健康检查、员工患病及时申报等。

4. 从业人员食品安全知识培训制度

对职工进行保健食品安全知识的教育培训，使职工树立“食品安全无小事”的意识，不断增强保健食品安全意识的自觉性和责任心。宣传普及新《食品安全法》，使保健食品从业人员树立起食品卫生的法制观念，增强守法的自觉性；定期培训，提高保健食品从业人员的保健食品安全知识水平，增强保证保健食品安全的自觉性。

食品药品监督管理部门指派的现场检查人员通过查阅经营企业的各个文件，检查保健食品经营企业需要具有以下相应制度：索证索票制度、卫生管理制度、进货检查验收制度、储存制度、出库制度（无库房可不查）、不合格产品处理制度、培训制度。在查阅文件的同时，通过现场检查，看各项制度是否健全，是否有落实到位。

（二）标识标签

对标签、说明书的监督检查是检查标识标签是否符合有关要求，是否销售盗用、假冒批准文号的伪劣保健食品产品。着重检查是否有虚假、夸大的功效宣传，此外，标注的项目是否齐全，内容是否符合审批时的要求也是监督的重点。新《食品安全法》中相关要求如下。

第六十七条　预包装食品的包装上应当有标签。标签应当标明下列事项：

（一）名称、规格、净含量、生产日期；

（二）成分或者配料表；

（三）生产者的名称、地址、联系方式；

（四）保质期；

（五）产品标准代号；

（六）贮存条件；

（七）所使用的食品添加剂在国家标准中的通用名称；

（八）生产许可证编号；

（九）法律、法规或者食品安全标准规定应当标明的其他事项。

专供婴幼儿和其他特定人群的主辅食品，其标签还应当标明主要营养成分及其含量。

保健食品作为特殊的预包装食品，其标识、标签和产品说明书的有关要求除了新《食品安全法》的有关规定以外，还必须符合《保健食品管理办法》的有关规定。

保健食品标签是指保健食品包装上的文字、图形、符号及一切说明物。保健食品标签必须符合国家有关标准和要求，还应当标注保健食品标志、产品名称、批准文号、主要原料、功效成分或者标志性成分及含量、保健功能、适宜人群、不适宜人群、食用量及食用方法、净含量（包装规格）、保质期、生产企业名称、生产企业地址、生产许可证编号、注意事项、贮藏方法、生产日期、生产批号。进口保健食品标签应标注原产国或者地区名称，以及在中国境内的办事机构或者代理机构的名称、地址和联系方式。

保健食品的说明书内容应当包括产品名称、原料和辅料、功效成分/标志性成分及含量、保健功能、适宜人群、不适宜人群、食用量与食用方法、规格、保质期、贮藏方法和注意事项等。保健食品的名称应当准确、科学，不得使用人名、地名、代号及夸大或容易误解的名称，不得使用产品中非主要功效成分的名称。产品名称，应当由商标名、通用名和属性名组成。商标名应当是产品独有的、表明产品区别于其他同类产品的名称。通用名应当采用主要功能性原料命名或其他方式命名。属性名应当采用产品剂型或食品属性命名。

保健食品的标签、说明书和广告内容必须真实，符合其产品质理要求，不得有暗示可使疾病痊愈的宣传。严禁利用封建迷信进行保健食品的宣传。未经卫生行政部门或国务院食品药品监督管理部门依法审查批准的食品不得以保健食品名义进行宣传。保健食品的名称、标签、说明书必须按照核准内容使用的。原卫生部《保健食品标识规定》，国家食品药品监督管理总局《保健食品命名规定》和《保健食品命名指南》，对保健食品名称、标识、标签及说明书均作出了明确的规定。

（三）产品保质期

保健食品经营者应当定期检查库存保健食品，通过检查及时发现变质或者超过保质期的保健食品。有时由于一些原因，即使保健食品没有超过保质期，保健食品也会变质。保健食品变质就是保健食品内在质量发生了本质性的物理、化学变化，失去了保健食品应当具备的食用价值。这时食品经营者就应当及时清理这些变质食品。另外，已经超过保质期的保健食品，也并不一定都是变质的保健食品。尽管如此，保健食品经营者在清理时，只要保健食品已经变质或者已经超过保质期，都应当坚决清理，不能存在侥幸心理，更不能将已经变质或者超过保质期的保健食品正常销售。食品药品监督管理部门指派的现场检查人员通过现场抽查的方式查看经营企业是否违法销售过期保健食品。

（四）供货商及产品资质

许可证的发放是食品经营者取得合法生产经营食品的依据。新《食品安全法》规定，国家对食品生产经营实行许可制度。保健食品经营者需要取得许可证后，才能从事保健食品经营活动。

食品经营者在取得经营许可证合法经营的同时，还应该查验供货者的许可证和食品合格的证明文件。供货者有可能是食品生产者，也有可能是其他食品经营者。是食品生产者的，应查验其食品生产许可证；是其他食品经营者的，应查验其食品经营许可证。食品合格的证明文件，包括合格证、合格印章等，是生产者出具的用于证明出产产品的质量经过检验，符合相关要求的标志。

随着食品工业化、规模化的发展，一些食品经营企业采用了统一配送的经营方式。统一配送经营方式可以降低食品原料采购成本、提高采购效率、确保旗下不同店面经营的食品口感、品质等一致。对于这些企业而言，由企业总部统一查验，可以发挥总部的技术优势，避免各食品经营企业各自为政、分别查验造成的繁琐和不一致。

食品药品监督管理部门指派的检查人员现场检查经营企业的许可证复印件、营业执照复印件，以及供货生产企业所提供的保健食品批准证书（注册批件）、产品检验合格报告，从而确定该经营企业有无供货商及产品资质。若保健食品经营企业为连锁企业或统一配送企业，以上资料由总部统一收集提供。

（五）进货查验记录、批发记录或者票据

每个食品经营者，都应当在自己的经营活动中加强对食品进货查验制度的

管理，建立严格的食品进货查验制度。严格要求食品及原料采购人员在签订购货合同时，必须查验供货者的许可证和食品合格证明文件，并亲自验货，货证相符方可采购。对购进的食品及食品原料，仓库保管人员应当首先检查有无食品合格的证明文件，以便及时发现问题，堵塞漏洞。食品药品监督管理部门指派的检查人员通过现场检查有无进货查验记录、批发记录或者票据，并通过翻阅文件检查其真实性。该类记录或票据的保存期限不得少于 2 年。

（六）产品台账

经营企业应当实行台账管理，建立购货、销售台账，并如实记录。食品药品监督管理部门指派的现场检查人员通过查阅文件的方式检查台账是否记录进货时间、产品名称、数量、供货商等内容，以及是否有清楚完整的进销存记录。购货台账按照每次购入的情况记录，内容至少包括：名称、规格、数量、生产日期、生产批号、保质期、产地、购进价格、购货日期、供应商名称及联系方式等信息。销售台账应记录保健食品的产品流向。内容至少包括产品名称、规格、数量、生产日期、生产批号、保质期、产地、销售价格、销售日期、库存等内容，或保留载有相关信息的销售票据。应当如实记录处理超过保质期或腐败、变质、质量不合格等涉及退货、销毁的保健食品或原料、辅料、包装材料情况。从事批发业务的经营企业还应当详细记录购货者名称、住所以及联系方式等信息。购销台账档案应当保存至产品保质期结束后 1 年，且保存期限不得少于 2 年。

（七）从业人员体检情况

食品生产经营中的从业人员直接从事食品生产经营，从业人员健康与否直接决定了所生产的食品是否安全。因此，需要对食品生产经营从业人员的身体状况进行健康检查。食品生产经营从业人员，生活在复杂的自然环境中，身体状况在不断变化，有可能感染罹患某些不适宜从事食品生产经营的疾病，因此在通过健康体检后不能一劳永逸，应当每年进行健康检查，及时了解自己的身体健康情况。发现人员患有法律禁止从事接触直接入口食品疾病的，应当及时向所在企业、单位申报。食品生产经营者发现患有有碍食品卫生疾病的从业者，应当及时采取调整工作岗位、治疗等措施。健康证明是食品生产经营从业人员经过卫生监督部门的健康体检后取得的书面证明文件。食品生产经营从业人员必须取得健康证明后才能上岗。健康证明过期的，应当立即停止食品生产经营活动，待重新进行健康体检后，才能继续上岗。

食品从业人员应当注意个人卫生。食品生产经营从业人员的衣着应外观整洁，做到指甲常剪、头发常理、经常洗澡，保持个人卫生。食品生产经营人员在接触食品前或便后以及接触污物以后必须将手洗净，方可从事操作或接触食物。出售直接入口食品时，除将手洗净外，还必须使用工具售货。

食品药品监督管理部门指派的检查人员通过抽查从业人员的健康体检证明的相关文件，以确认从业人员是否具备从业资格。

（八）场地卫生及产品码放

新《食品安全法》第五十四条规定“食品经营者应当按照保证食品安全的要求贮存食品，定期检查库存食品，及时清理变质或者超过保质期的食品。”

保健食品贮存过程的卫生管理是保健食品卫生管理的重要环节。不同保健食品要求不同的贮存条件，如温度、湿度不完全相同，贮存期也不相同，但一般以较低的温度为宜。按温度要求，仓库可分为冷藏库及一般常温仓库。

保健食品贮存的卫生要求如下。

（1）对入库保健食品应做好验收工作，过期变质的保健食品不能入库。入库后按入库的先后批次、生产日期分别存放，并对库存保健食品定期进行卫生质量检查，做好质量预报工作，及时处理有变质征兆和过期的保健食品。

（2）保健食品严禁与放射性物质、有毒物、不洁物同室存放或同仓库贮存。

（3）各类食品应分类存放，食品与非食品、原料与半成品、卫生质量有问题的食品与正常食品、短期存放的食品与长期存放的食品以及有特殊气味的食品与易于吸收气味的食品不能混杂堆放。

（4）食品在仓库中的堆放要有足够间隙，不可过分密集，与地板墙壁间应保持一定距离。

（5）食品贮存过程中应注意防霉、防虫、防尘、防鼠及保持适当的温湿度。

（6）对于要求低温储存的保健食品（如具有生物活性的益生菌类保健食品）应有相应冷藏设备或采取其他保鲜措施防止其生物活性物质失活或变质。

（7）应定期进行仓库的清扫与消毒，消毒前应清库，并应注意防止消毒剂对食品的污染。

食品药品监督管理部门指派的检查人员需要现场查看经营场所卫生、储存环境，看防虫、防鼠、防尘、防污染等是否符合相关卫生要求。检查产品是否分区码放，是否有相对独立的专用销售区域或专用货柜（架）。

（九）库房卫生及储存环境

食品药品监督管理部门指派的检查人员现场查看库房卫生、储存环境：防虫、防鼠、防尘、防污染等是否符合要求；容器、工具和设备是否符合要求。若经营企业无库房，则此项可以不检查。

保健食品仓库的卫生管理应该符合以下要求。

（1）食品仓库应建立在放射性工作单位的防护监测区之外，并且应远离其他污染源，以防止对食品的污染。直射光线能加快某些食品的变质，所以仓库应向北，并有遮光窗帘。

（2）食品仓库应搞好清洁卫生，避免灰尘或异物污染食品。仓库内要消灭害虫和鼠类，易碎物品要严防碰破。例如灯泡要用铁丝网罩盖。

（3）制定食品出入库的检验制度、定期检查制度等各项卫生管理制度。加强对贮存食品的卫生检查。

（4）食品入库后，按入库的先后批次、生产日期分别存放，先进先发，防止长期积压造成变质。生食品和熟食品、食品和食品原料要分别存放，防止交叉污染。

（5）由于各种食品要求贮存条件不同，有些食品需要专库存放。

（十）店内宣传

食品药品监督管理部门指派的检查人员现场检查店内宣传资料是否存在宣称预防、治疗疾病功能等违法违规行为。新《食品安全法》规定，对食品作虚假宣传，欺骗消费者，或者发布未取得批准文件、广告内容与批准文件不一致的保健食品广告的按照相关规定给予处罚。

根据规定，上述10个现场检查重点内容，各地区食品药品监督管理部门可以此为参考，也可结合辖区实际情况或现场需要，有针对性地选择检查内容，并制订相应的实施方案。

第三节　保健食品经营企业日常监督程序

保健食品经营的日常监管主要按照《保健食品经营企业日常监督现场检查工作指南》执行，其执行过程中涉及检查人员、检查计划的制定及检查前准备、检查实施流程、主要检查方式、检查措施等5个方面。

一、检查人员

现场检查由至少2名检查人员执行，检查人员应当符合以下要求：遵纪守法，廉洁正派，实事求是；熟悉掌握国家有关保健食品监督管理的法律、法规；熟悉保健食品经营环节的基本常识；具有较强的沟通和理解能力，在检查中能够正确表达检查要求，能够正确理解对方所表达的意见；具有较强的分析和判断能力，对检查中发现的问题能够客观分析，并作出正确判断。

在执行现场检查过程中，检查人员需要做到以下几点。

（1）尊重企业的权力，遇到争议问题要认真听取其陈述，允许其申辩。

（2）涉及企业秘密，应当保密。

（3）遵守依法、廉洁、公正、客观、严谨、详实的原则。

（4）严格遵守检查程序。

二、检查计划及准备

（1）根据影响产品质量因素（人员、制度、环境）的动态变化情况，选择检查内容，制订现场检查实施方案。检查方案包括检查目的、检查范围、检查方式（如事先通知或事先不通知）、检查重点、检查时间、检查分工、检查进度等。

（2）准备《现场检查笔录》《现场监督检查意见书》等相关检查文书以及必要的现场记录设备。

（3）根据既往检查情况，了解企业近期经营状况。

三、实施检查

（1）进入企业现场后，首先向企业出示执法证件，告知企业检查目的，介绍检查组成员、检查依据、检查内容、检查流程及检查纪律，确定企业的检查陪同人员。听取企业经营状况、质量管理等情况的介绍。

（2）在企业相关人员陪同下，分别对企业保存的文字资料、经营现场进行检查。

（3）检查过程中，对于检查的内容，尤其是发现的问题应当随时记录，并与企业相关人员进行确认。必要时，可进行产品抽样或对有关情况进行证据留存（如资料复印件、影视图像等）。

保健食品经营企业监督现场检查流程见图 8-1。

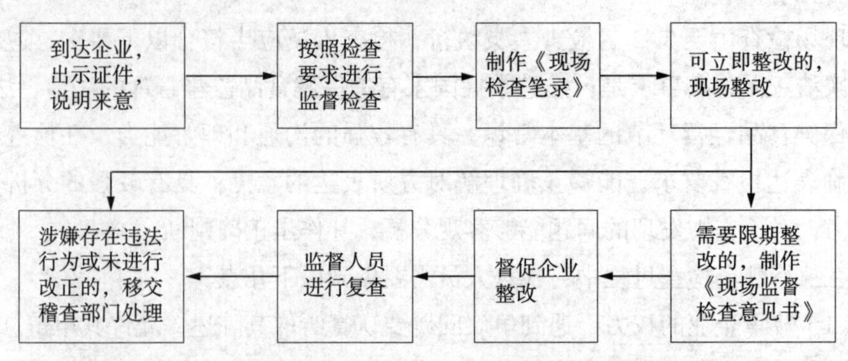

图 8-1　保健食品经营企业监督现场检查流程图

四、主要检查方式

（一）语言交流

（1）积极与企业领导层沟通，通过企业和产品经营情况，分析判断企业经营中是否存在问题、存在哪方面问题、当前急需解决哪些问题。

（2）与经营企业部门领导、采购和销售等相关人员采取面对面交流的方式，了解经营全面情况。

（3）对于现场检查中发现的问题，应当认真地与企业沟通交流，提出切实可行的整改要求和时限。

（二）文件检查

检查各项记录间的可追溯性，判断能否根据各项记录的相互关系，完成产品经营的质量追溯。

（三）现场观察

查看经营现场布局是否合理，库房卫生是否符合要求；经营产品与记录或文件是否一致。

五、检查措施

（1）检查结束后，检查人员可要求企业人员回避，汇总检查情况，核对检查中发现的问题，讨论确定检查意见。遇到特殊情况时，应当及时向主管领导汇报。

（2）与企业沟通，核实发现的问题，通报检查情况。经确认，填写《现场检查笔录》。笔录应当全面、真实、客观地反映现场检查情况，并具有可追溯性（符合规定的项目与不符合规定的项目均应当记录）。

（3）对发现的不合格项目，能立即整改的，应当监督企业当场整改。不能立即整改的，监督人员应当下达《现场监督检查意见书》，根据企业经营管理情况，责令限期整改，并跟踪复查。逾期不整改或整改后，仍不符合要求的，应当移交稽查部门处理。

（4）对发现涉嫌存在违法行为的，应当直接移交稽查部门依法查处。

（5）若检查中发现保健食品广告存在夸大宣传等问题，应当及时移送负责广告监管的行政管理部门。

（6）要求企业负责人在《现场检查笔录》《现场监督检查意见书》上签字确认，拒绝签字或由于企业原因无法实施检查的，应当由2名或2名以上检查人员在检查记录中注明情况并签字确认。

（7）将日常监督现场检查材料、企业整改材料及跟踪检查材料，归入日常监督管理档案。

第四节　保健食品经营企业违法责任

一、保健食品经营许可违法处罚

（1）新《食品安全法》第一百二十二条规定：食品经营企业未取得食品经营许可从事经营活动的，由县级以上人民政府食品药品监督管理部门没收违法所得和违法生产经营的保健食品以及用于违法经营的工具、设备、原料等物品；货值金额不足一万元的，并处五万元以上十万元以下罚款；货值金额一万元以上的，并处货值金额十倍以上二十倍以下罚款。

（2）《食品经营许可管理办法》第四十六条规定：许可申请人隐瞒真实情况或者提供虚假材料申请食品经营许可的，由县级以上地方食品药品监督管理部门给予警告。申请人在1年内不得再次申请食品经营许可。

（3）《食品经营许可管理办法》第四十七条规定：被许可人以欺骗、贿赂等不正当手段取得食品经营许可的，由原发证的食品药品监督管理部门撤销许可，并处1万元以上3万元以下罚款。被许可人在3年内不得再次申请食品经营许可。

（4）《食品经营许可管理办法》第四十八条规定：食品经营者伪造、涂改、倒卖、出租、出借、转让食品经营许可证的，由县级以上地方食品药品监督管理部门责令改正，给予警告，并处1万元以下罚款；情节严重的，处1万元以上3万元以下罚款。保健食品经营者未按规定在经营场所的显著位置悬挂或者摆放食品经营许可证的，由县级以上地方食品药品监督管理部门责令改正；拒不改正的，给予警告。

（5）《食品经营许可管理办法》第四十九条规定：食品经营许可证载明的许可事项发生变化，食品经营者未按规定申请变更经营许可的，由原发证的食品药品监督管理部门责令改正，给予警告；拒不改正的，处2000元以上1万元以下罚款。食品经营者外设仓库地址发生变化，未按规定报告的，或者食品经营者终止食品经营，食品经营许可被撤回、撤销或者食品经营许可证被吊销，未按规定申请办理注销手续的，由原发证的食品药品监督管理部门责令改正；拒不改正的，给予警告，并处2000元以下罚款。

（6）《食品经营许可管理办法》第五十条规定：被吊销经营许可证的食品经营者及其法定代表人、直接负责的主管人员和其他直接责任人员自处罚决定作出之日起5年内不得申请食品生产经营许可，或者从事食品生产经营管理工作、担任食品生产经营企业食品安全管理人员。

二、保健食品经营违法处罚

新《食品安全法》第一百二十六条规定：食品经营者未按规定要求销售食品的，由县级以上人民政府食品药品监督管理部门责令改正，给予警告；拒不改正的，处五千元以上五万元以下罚款；情节严重的，责令停产停业，直至吊销许可证。

第九章　保健食品广告的监督管理

保健食品虚假宣传、虚假广告、误导性或欺骗性营销是当前保健食品备受非议的焦点，主要表现为保健食品生产经营者在保健食品的标签、标识、说明书、外包装、宣传资料或网页上明示或者暗示具有疾病预防或治疗功能，夸大保健效果，误导甚至欺骗消费者，从而造成非常恶劣的社会影响，严重影响了保健食品的社会公信力。除把好保健食品生产质量控制的源头之外，加强标签、说明书、外包装、广告宣传和社会营销等环节的监管，对解决当前保健食品虚假宣传、欺骗性营销等问题也具有重要的现实意义。

第一节　保健食品广告监管的相关规定

一、法律法规对保健食品广告监管的规定

1. 新《食品安全法》

第七十三条　食品广告的内容应当真实合法，不得含有虚假内容，不得涉及疾病预防、治疗功能。食品生产经营者对食品广告内容的真实性、合法性负责。

县级以上人民政府食品药品监督管理部门和其他有关部门以及食品检验机构、食品行业协会不得以广告或者其他形式向消费者推荐食品。消费者组织不得以收取费用或者其他牟取利益的方式向消费者推荐食品。

第七十九条　保健食品广告除应当符合本法第七十三条第一款的规定外，还应当声明“本品不能代替药物”；其内容应当经生产企业所在地省、自治区、直辖市人民政府食品药品监督管理部门审查批准，取得保健食品广告批准文件。省、自治区、直辖市人民政府食品药品监督管理部门应当公布并及时更新已经批准的保健食品广告目录以及批准的广告内容。

2.《中华人民共和国广告法》(以下简称《广告法》)

第十八条　保健食品广告不得含有下列内容：

（1）表示功效、安全性的断言或者保证；

（2）涉及疾病预防、治疗功能；

（3）声称或者暗示广告商品为保障健康所必需；

（4）与药品、其他保健食品进行比较；

（5）利用广告代言人作推荐、证明；

（6）法律、行政法规规定禁止的其他内容。

保健食品广告应当显著标明“本品不能代替药物”。

第十九条 广播电台、电视台、报刊音像出版单位、互联网信息服务提供者不得以介绍健康、养生知识等形式变相发布医疗、药品、医疗器械、保健食品广告。

第四十条 在针对未成年人的大众传播媒介上不得发布医疗、药品、保健食品、医疗器械、化妆品、酒类、美容广告，以及不利于未成年人身心健康的网络游戏广告。

第四十六条 发布医疗、药品、医疗器械、农药、兽药和保健食品广告，以及法律、行政法规规定应当进行审查的其他广告，应当在发布前由有关部门（以下称广告审查机关）对广告内容进行审查；未经审查，不得发布。

二、其他相关文件对保健食品广告监管的规定

1.《食品药品监管总局关于进一步加强药品医疗器械保健食品广告审查监管工作的通知》（2015年7月31日，国家食品药品监督管理总局，食药监稽〔2015〕145号发布）。

2.《关于做好保健食品广告审查工作的通知》（2005年6月1日，国食药监市〔2005〕252号发布）。

3.《关于印发〈保健食品广告审查暂行规定〉的通知》（2005年5月24日，国食药监市〔2005〕211号，2005年7月1日实施）。

对食品药品监督管理部门审查保健食品广告的工作程序和对广告内容进行技术审查的条件作出了明确的规定。

第二节 保健食品广告的审查

我国保健食品广告实行审查制度，国家食品药品监督管理总局指导和监督

保健食品广告审查工作。省级食品药品监督管理部门负责本辖区内保健食品广告的审查。县级以上食品药品监督管理部门应当对辖区内审查批准的保健食品广告发布情况进行监测。发布保健食品广告的申请人必须是保健食品批准证明文件的持有者或者其委托的公民、法人和其他组织。申请人可以自行或者委托其他法人、经济组织或公民作为保健食品广告的代办人。国务院有关部门明令禁止生产、销售的保健食品，其广告申请不予受理。国务院有关部门清理整顿已经取消的保健功能，该功能的产品广告申请不予受理。国产保健食品广告的发布申请，应当向保健食品批准证明文件持有者所在地的省级食品药品监督管理部门提出。进口保健食品广告的发布申请，应当由该产品境外生产企业驻中国境内办事机构或者该企业委托的代理机构向其所在地省级食品药品监督管理部门提出。

省级食品药品监督管理部门应当自受理之日起对申请人提交的申请材料以及广告内容进行审查，并在20个工作日内作出是否核发保健食品广告批准文号的决定。对审查合格的保健食品广告申请，发给保健食品广告批准文号，同时将《保健食品广告审查表》抄送同级广告监督机关备案。对审查不合格的保健食品广告申请，应当将审查意见书面告知申请人，说明理由并告知其享有依法申请行政复议或者提起行政诉讼的权利。保健食品广告批准文号有效期为1年。保健食品广告批准文号有效期届满，申请人需要继续发布广告的，应当依照规定向省、自治区、直辖市（食品）药品监督管理部门重新提出发布申请。保健食品广告批准文号为“X食健广审（X1）第X2号”。其中“X”为各省、自治区、直辖市的简称；“X1”代表视、声、文；“X2”由10位数字组成，前6位代表审查的年月，后4位代表广告批准的序号。

一、保健食品广告的要求

保健食品广告中有关保健功能、产品功效成分/标志性成分及含量、适宜人群、食用量等的宣传，应当以国务院食品药品监督管理部门批准的说明书内容为准，不得任意改变。

保健食品广告应当引导消费者合理使用保健食品，保健食品广告不得出现下列情形和内容。

（1）含有表示产品功效的断言或者保证。

（2）含有使用该产品能够获得健康的表述。

（3）通过渲染、夸大某种健康状况或者疾病，或者通过描述某种疾病容易导致的身体危害，使公众对自身健康产生担忧、恐惧，误解不使用广告宣传的保健食品会患某种疾病或者导致身体健康状况恶化。

（4）用公众难以理解的专业化术语、神秘化语言、表示科技含量的语言等描述该产品的作用特征和机理。

（5）利用和出现国家机关及其事业单位、医疗机构、学术机构、行业组织的名义和形象，或者以专家、医务人员和消费者的名义和形象为产品功效作证明。

（6）含有无法证实的所谓“科学或研究发现”“实验或数据证明”等方面的内容。

（7）夸大保健食品功效或扩大适宜人群范围，明示或者暗示适合所有症状及所有人群。

（8）含有与药品相混淆的用语，直接或者间接地宣传治疗作用，或者借助宣传某些成分的作用明示或者暗示该保健食品具有疾病治疗的作用。

（9）与其他保健食品或者药品、医疗器械等产品进行对比，贬低其他产品。

（10）利用封建迷信进行保健食品宣传的。

（11）宣称产品为祖传秘方。

（12）含有无效退款、保险公司保险等内容的。

（13）含有“安全”“无毒副作用”“无依赖”等承诺的。

（14）含有最新技术、最高科学、最先进制法等绝对化的用语和表述的。

（15）声称或者暗示保健食品为正常生活或者治疗病症所必需。

（16）含有有效率、治愈率、评比、获奖等综合评价内容的。

（17）直接或者间接怂恿任意、过量使用保健食品的。

不得以新闻报道等形式发布保健食品广告。保健食品广告必须标明保健食品产品名称、保健食品批准文号、保健食品广告批准文号、保健食品标识、保健食品不适宜人群。保健食品广告中必须说明或者标明“本品不能代替药物”的忠告语；电视广告中保健食品标识和忠告语必须始终出现。

二、保健食品广告的监测

根据原国家食品药品监督管理局印发的《保健食品广告审查暂行规定》，县级以上食品药品监督管理部门从 2005 年 7 月 1 日始，负责对辖区内审查批准的保健食品广告发布情况进行监测。各县级以上食品药品监督管理部门应成立专门的保健食品广告监测队伍，对辖区内的保健食品广告进行监测。

1. 当前保健食品广告宣传存在的问题

（1）冒充药品，概念混乱。保健食品是指声称具有特定保健功能或者以补充维生素、矿物质为目的的食品。即适宜于特定人群食用，具有调节机体功能，不以治疗疾病为目的，并且对人体不产生任何急性、亚急性或者慢性危害的食品。保健食品生产及经营企业在宣传上有意回避这一点，广告中不标明国家规定必须标明的忠告语"本品不能代替药品"，而故意混淆概念，趁机打"擦边球"，通常采取暗示该产品或产品主要原料所具有的疗效的办法来暗示疗效，误导消费者。

（2）功效不清，夸大宣传。保健食品是具有调节机体功能、不以治疗疾病为目的的食品。保健食品生产及经营企业在宣传上未能真实地、客观地陈述功效，模糊保健食品的功效，或借助宣传某些成分的功能明示或者暗示，随意夸大功效，导致消费者误认为保健食品可以起治疗疾病的作用，或认为保健食品具有一定药物功能，对疾病可以起到辅助治疗作用。

（3）虚假宣传，误导购买。保健食品生产及经营企业功效虚假宣传较严重，广告和宣传书里充斥着众多绝对化语言，如"最先进科学""最高技术"等专业用语，利用医药科研单位、学术机构、医疗机构或医生为产品的功效作证明和肯定，或者声称该产品被某学术机构、政府部门、医疗机构或医生等推荐为康复保健的唯一或最佳产品等内容，恶意炒作，或者通过咨询义诊、健康讲座、免费试用、上门推销等各种方式深入农村、街道、社区诱使消费者购买自己并不需要的保健食品。

2. 保健食品广告"五要监测工作法"

一要掌握判令监测保健食品违法广告的标准。保健食品广告不得出现《保健食品广告审查暂行规定》第 8 条至第 11 条 20 种规定的情形和内容。

二要熟悉保健食品广告基本要素。保健食品广告基本要素主要掌握的有：保健食品批准文号、广告批准文号及它们的标识方式和有效期规定、标志、保健功能及其所含成分或主要原料、适宜人群等。

把握、了解保健食品广告基本要素，是确认保健食品，进而监测保健食品违法广告重要方法措施。保健食品批准文号标识方式是确认保健食品重要方法之一。如果监测工作人员具有保健食品广告批准文号标识方式，药品、消毒品、食品、保健食品、保健用品批准文号标识方式和保健食品概念等方面知识，经常对比，可以对确认保健食品起到很好的辅助作用。

三要调查了解。监测工作人员在监测工作中，一定要自始至终坚持到经营保健食品超市或药店，观察、了解保健食品，掌握第一手资料和确凿的证据。这是重中之重的工作。

四要加强领导，进一步发挥监测人员主观能动作用，不断完善一些基本监测设备设施。应用广告监测软件系统，实现多频道同步监测，对监测到的违法广告保存文字、音像等有效证据，在依法办案中做到靠证据说话、按法律办事。这样既规范了执法行为，对违法广告形成威慑，又可避免在引起复议和诉讼时，监管部门处于被动地位。

五要把广告监测作为搜集假劣保健食品、药品信息的重要渠道。特别是针对以保健食品冒充药品的违法行为，监管部门一旦发现线索，可以及时展开稽查和抽验工作，做到闻风而动、快速出击，让假冒产品无藏匿之地。

第三节　保健食品广告违法处罚

一、保健食品广告审查违法处罚

（1）《广告法》第五十八条规定：未经审查发布保健食品广告的，由工商行政管理部门责令停止发布广告，责令广告主在相应范围内消除影响，处广告费用一倍以上三倍以下的罚款，广告费用无法计算或者明显偏低的，处十万元以上二十万元以下的罚款；情节严重的，处广告费用三倍以上五倍以下的罚款，广告费用无法计算或者明显偏低的，处二十万元以上一百万元以下的罚款，可以吊销营业执照，并由广告审查机关撤销广告审查批准文件、一年内不受理其广告审查申请。

（2）《广告法》第六十五条规定：隐瞒真实情况或者提供虚假材料申请广告审查的，广告审查机关不予受理或者不予批准，予以警告，一年内不受理该申请人的广告审查申请；以欺骗、贿赂等不正当手段取得广告审查批准的，广告审查机关予以撤销，处十万元以上二十万元以下的罚款，三年内不受理该申请人的广告审查申请。

（3）《广告法》第六十六条规定：伪造、变造或者转让广告审查批准文件的，由工商行政管理部门没收违法所得，并处一万元以上十万元以下的罚款。

二、保健食品广告宣传违法处罚

（1）《广告法》第五十七条规定：在针对未成年人的大众传播媒介上发布保健食品广告的，由工商行政管理部门责令停止发布广告，对广告主处二十万元以上一百万元以下的罚款，情节严重的，并可以吊销营业执照，由广告审查机关撤销广告审查批准文件、一年内不受理其广告审查申请；对广告经营者、广告发布者，由工商行政管理部门没收广告费用，处二十万元以上一百万元以下的罚款，情节严重的，并可以吊销营业执照、吊销广告发布登记证件。

（2）《广告法》第十八条及五十八条规定：保健食品广告含有表示功效、安全性的断言或者保证；涉及疾病预防、治疗功能；声称或者暗示广告商品为保障健康所必需；与药品、其他保健食品进行比较；利用广告代言人作推荐、证明等法律、行政法规规定禁止的内容；未显著标明“本品不能代替药物”的；由工商行政管理部门责令停止发布广告，责令广告主在相应范围内消除影响，处广告费用一倍以上三倍以下的罚款，广告费用无法计算或者明显偏低的，处十万元以上二十万元以下的罚款；情节严重的，处广告费用三倍以上五倍以下的罚款，广告费用无法计算或者明显偏低的，处二十万元以上一百万元以下的罚款，可以吊销营业执照，并由广告审查机关撤销广告审查批准文件、一年内不受理其广告审查申请。

（3）《广告法》第五十九条规定：广播电台、电视台、报刊音像出版单位、互联网信息服务提供者以介绍健康、养生知识等形式变相发布保健食品广告的，由工商行政管理部门责令改正，对广告发布者处十万元以下的罚款。

（4）《广告法》第六十二条规定：在保健食品广告中利用广告代言人作推荐、证明的，由工商行政管理部门没收违法所得，并处违法所得一倍以上二倍以下的罚款。

重点法规解读篇

关注食品安全是关注食品里存在的有害物质，关注有害物质对健康造成的风险。食品监管的重点是在考虑风险因素，对健康造成的影响。保健食品除了要有安全保障，还要具有功效，它的监管跟普通食品只注重安全相比显得更为复杂。食品里的一些有毒物质都会规定一些限量，保健食品除了安全问题，还有功能因子的有效量问题，量过低起不到声称的作用，过高也会造成一些健康危害。因而，保健食品的监管是一个比较复杂的问题，多个国家对于保健食品的法律法规都不止一部，而是先后出台多部法规来不断的补充管理。新《食品安全法》的实施，标志着我国保健食品监管模式的重大变革，之前制定的法律规章已不能满足新模式的需求。为了贯彻落实新《食品安全法》，我国相关监管部门也在积极出台适应新管理模式的规章制度。新《食品安全法》实行后，国家食品药品监督管理总局为了适应法规对监管的需求，发布了一系列相关规范性文件，对保健食品进行更加细化的管理。截至目前，大部分制度仍处在意见征求的阶段。目前，已经正式发布的有《保健食品注册与备案管理办法》《保健食品注册审评审批工作细则（2016年版）》《保健食品生产许可审查细则》《保健食品样品试制和试验现场核查规定（试行）》《保健食品广告审查暂行规定》《保健食品生产企业日常监督现场检查工作指南》《保健食品经营企业日常监督现场检查工作指南》，而《保健食品生产许可管理办法》《保健食品良好生产规范》《保健食品标识管理办法》《保健食品说明书标签管理规定》等关于保健食品注册备案和生产经营等各方面的许多法规仍在征求意见，还未正式出台。与新《食品安全法》监管模式相配套的保健食品法规的缺失，增加了保健食品监管的空隙，加大了监管的难度。立法是保健食品行业发展的生存之本，这就要求监管部门加快立法步伐，促进保健食品行业的健康稳步发展。本书仅对部分重点法规进行解读。

2015年修订的《中华人民共和国食品安全法》解读

随着生活水平的提高和健康意识的增强，人们对饮食的要求也从“吃得饱、吃得安全”演变到“吃出健康”。这时候，简单的一日三餐已经难以满足人们对健康的追求，老年人要补钙、妇女要补血、儿童要补锌……各种各样的保健食品由此走入寻常百姓家。

2015年修订的《中华人民共和国食品安全法》有关保健食品的专门规定由原来的1条增至13条，并将保健食品划归为特殊食品，实行严格监督管理，从注册管理、生产管理、市场监督、广告管理以及违法处罚等多方面进行了规范。

那么，生产和经营保健食品需要遵循哪些规定，消费者在选购保健食品时又要注意什么呢？

1. 保健食品上市前应做哪些准备工作？

（1）依法注册、备案

为了更有效地维护消费者生命健康安全，新《食品安全法》在保健食品管理上有不少突破性的举措。例如，设立保健食品原料目录和允许保健食品声称的保健功能目录，由国务院食品药品监督管理部门、国家中医药管理部门制定、调整并公布。此外，新《食品安全法》作出的另一个重大调整是明确保健食品的申报采用注册和备案“双轨制”管理，改变了过去单一的产品注册制度。

新《食品安全法》第七十六条规定：使用保健食品原料目录以外原料的保健食品和首次进口的保健食品应当经国务院食品药品监督管理部门注册。但是，首次进口的保健食品中属于补充维生素、矿物质等营养物质的，应当报国务院食品药品监督管理部门备案。其他保健食品应当报省、自治区、直辖市人民政府食品药品监督管理部门备案。

注册人或者备案人须对其提交材料的真实性负责。相比注册制，备案制更快捷，对文件要求也有所精简，会给整个保健食品行业带来重大影响，企业进入市场的成本也将大大降低。

使用新原料的保健食品作出准予注册决定的，应当及时将该新原料纳入可用于保健食品原料目录。列入保健食品原料目录的原料，按照规定的用量、声称的对应功效只能用于保健食品生产，不得用于其他食品生产。

案例分析

2011 年 1 月 12 日，原国家食品药品监督管理局曝光了名称为"雪域唐清"（标示批准文号：国食健字 G20040726）的保健食品所使用的保健食品批准文号（国食健字 G20040726）系盗用"陕科牌康乐益胶囊"的批准文号，该保健食品未进行注册审批，违反了依法注册的规定。

（2）提交相关材料

尽管备案制在一定程度上简化了程序，更利于满足市场的多样化需求，对保健食品生产经营企业来说是个重大利好的消息，但是流程的简化并不意味着门槛的降低，新《食品安全法》对于保健食品安全的要求并没有降低，甚至更加严格。同时，备案制也更加强调了企业对申报资料和产品质量安全承担的责任。

新《食品安全法》第七十七条规定，依法应当注册的保健食品，注册时应当提交保健食品的研发报告、产品配方、生产工艺、安全性评价、保健功能评价、标签、说明书和相关证明文件。国务院食品药品监督管理部门经组织技术审评，对符合安全和功能声称要求的，准予注册；对不符合要求的，不予注册并书面说明理由。依法应当备案的保健食品，备案时也需要提交生产配方、生产工艺、标签、说明书、产品安全性证明资料、保健功能证明资料。

2. 保健食品生产经营中需要遵守哪些规范？

消费者食用保健食品的本意是增强身体素质，或者将其作为治疗疾病的辅助产品。假如保健食品的安全性出了问题，反而会损害身体健康。我们需要明确一点——保健食品是食品，所以法律里对食品的所有规定，包括"法律责任"的规定都适用于保健食品。同时，新《食品安全法》把保健食品列为特殊食品，实行比普通食品更加严格的监督管理。

新《食品安全法》第七十五条规定，保健食品声称的保健功能，应当具有科学依据，不得对人体产生急性、亚急性或者慢性危害。进口的保健食品应当是出口国（地区）主管部门准许上市销售的产品。

另外，新《食品安全法》还要求保健食品的生产经营者严格自律。保健食品生产企业应当按照注册或者备案的要求组织生产；按照良好生产规范的要求建立与所生产食品相适应的生产质量管理体系，定期对该体系的运行情况进行自查，保证其有效运行，并向所在地县级以上人民政府食品药品监督管理部门提交自查报告。

正因保健食品有功能性，常有一些不法企业将保健食品当药品售卖，并大肆宣扬其具有治疗作用，或者普通食品虚假夸大宣传冒充保健食品售卖。这些违法行为严重威胁消费者的健康，保健食品的生产经营者应严格自查，坚决杜绝这类行为。

案例分析

2011 年 2 月 21 日，原国家食品药品监督管理局（简称国家局）曝光产品名称标示为“俏妹牌减肥胶囊”的保健食品（标示的出品/生产企业：青海青藏高原天然药用植物科技开发有限公司；生产日期及批号：20101003；标示的批准文号：卫食健字〔2003〕第 0129 号）经检测，违禁物质“西布曲明”“酚酞”呈阳性。为了保障广大消费者的利益和安全，严厉打击保健食品违法添加药物等成分的行为，国家局要求在全国范围内立即停止销售上述批次的保健食品并请青海省食品药品监督管理局立即组织开展对标示为“俏妹牌减肥胶囊”的保健食品生产企业和产品进行现场检查和抽样检验，相关情况及时报国家局。该企业生产的保健食品非法添加药物，损害了消费者的健康，扰乱了保健食品市场的秩序。

3. 制作保健食品的包装和广告需要注意什么？

新《食品安全法》第七十八条规定“保健食品的标签、说明书不得涉及疾病预防、治疗功能，内容应当真实，与注册或者备案的内容相一致；还需要载明适宜人群、不适宜人群、功效成分或者标志性成分及其含量等，并声明‘本品不能代替药物’。保健食品的功能和成分应当与标签、说明书相一致。”第七十九条规定“保健食品的广告应当声明‘本品不能代替药物’；其内容应当经生产企业所在地省、自治区、直辖市人民政府食品药品监督管理部门审查批准，取得保健食品广告批准文件。”

保健食品不能代替药品已是三令五申，但仍有不少消费者因不法商家的虚假宣传而上当受骗。虚假宣传也是近几年扰乱保健食品市场秩序的最主要因素。北京市消费者协会最新披露的数据显示，2016 年上半年北京市有关保健食品的投诉中，涉及虚假宣传的占投诉总数的近三成。为了保障消费者的合法权益，新《食品安全法》将保健食品标签、说明书和宣传材料中有关功能宣传的情况，列入食品安全年度监督管理计划的重点。

案例分析

2016 年 11 月 21 日国家食品药品监督管理总局曝光了江西省修水神茶实业有限公司生产的保健食品“降糖神茶”，该产品通过电视媒介发布虚假违法广告，宣称“喝了 1 个月，15 年的糖尿病，现在只吃 1 片二甲双胍就行，走 10 里地都没问题”等。还有内蒙古彤辉实业有限责任公司生产的保健食品“彤辉牌罗布麻茶”，该产品通过电视媒介发布虚假违法广告，宣称“喝了 2 个月血压降下来了，降压药也不用吃了，喝了 6 个月，血脂、肝功能、肾功能都已恢复到了正常状态”等。上述违法广告夸大了保健食品的功能，以欺骗消费者的虚假宣传获取商业利益。食品药品监管部门已将其违法行为移送有关部门查处，有关省级食品药品监管部门依法撤销其有效期内的广告批准文号。

4. 发生食品安全事故怎么办？

我国的食品安全监督管理体系以预防和风险控制为主，国家要求保健食品生产经营企业制定食品安全事故处置方案，并定期检查本企业各项食品安全防范措施的落实情况，及时消除安全事故隐患。

新《食品安全法》中特别规定，若保健食品生产经营过程中存在安全隐患，却未及时采取措施消除，相关监督管理部门可以对保健食品生产经营者的主要负责人进行责任约谈。责任约谈情况和整改情况会被纳入食品经营者食品安全信用档案。

在食品安全事故发生时，事故单位一定要主动承担起责任，快速作出反应，防止事故扩大；事故单位和接收病人进行治疗的单位应当及时向事故发生地县级人民政府食品药品监督管理、卫生行政部门报告。发生事故的保健食品生产经营企业应配合监管部门封存可能导致食品安全事故的食品及其原料，封存被污染的食品相关产品，并进行清洗消毒；对确认属于被污染的食品及其原料，食品生产者应依法实施召回，或者停止经营。同时，任何单位和个人不得对食品安全事故隐瞒、谎报、缓报，不得隐匿、伪造、毁灭有关证据；食品安全事故调查部门有权向有关单位和个人了解与事故有关的情况，并要求提供相关资料和样品。有关单位和个人应当予以配合，按照要求提供相关资料和样品，不得拒绝；不得阻挠、干涉食品安全事故的调查处理。

5. 保健食品企业违法应承担何种法律责任?

新《食品安全法》对食品的所有规定，包括“法律责任”的相关规定都适用于保健食品。保健食品须达到食品生产经营的安全标准，否则将被依法问责。违反新《食品安全法》规定，对消费者造成人身、财产或者其他损害的，须依法承担赔偿责任；构成犯罪的，依法追究刑事责任。一旦发生食品安全事故，事故单位未进行处置、报告的，也将受到相应的处罚。

生产经营未按规定注册的保健食品，或者未按注册的产品配方、生产工艺等技术要求组织生产，尚不构成犯罪的，由县级以上人民政府食品药品监督管理部门没收违法所得和违法生产经营的食品、食品添加剂以及用于违法生产经营的工具、设备、原料等物品；违法生产经营的食品、食品添加剂货值金额不足一万元的，并处五万元以上十万元以下罚款；货值金额一万元以上的，并处货值金额十倍以上二十倍以下罚款；情节严重的吊销许可证。

新《食品安全法》还明确规定，保健食品生产企业未按规定向食品药品监督管理部门备案，未按备案要求组织生产，未按规定建立生产质量管理体系并有效运行或者未定期提交自查报告的，由县级以上人民政府食品药品监督管理部门责令改正，给予警告；拒不改正的，处五千元以上五万元以下罚款；情节严重的，责令停产停业，直至吊销许可证。违反新《食品安全法》规定，对消费者造成人身、财产或者其他损害的，须依法承担赔偿责任；构成犯罪的，依法追究刑事责任。

另外，新《食品安全法》特别规定，在广告中对食品作虚假宣传，欺骗消费者，或者发布未取得批准文件、广告内容与批准文件不一致的保健食品广告的，管理部门须依照《中华人民共和国广告法》的规定给予处罚。

总之，被誉为“史上最严”的新《食品安全法》加强了对保健食品的严格管理，有利于整治保健食品非法生产、非法经营、非法添加和非法宣传等乱象，也有利于消费者科学选择、理性消费保健食品。

对于保健食品生产经营企业来说，应当切实履行企业主体责任，做好自身“保健”。对于消费者来说，需要做的就是在选购保健食品时擦亮眼睛，认清标识，不盲目听信宣传，将健康主动权牢牢掌握在自己手中。

案例分析

2016年3月2日，国家食品药品监督管理总局对违法使用不合格银杏叶提取物生产保健食品的行为给出了处置意见。2015年以来，总局组织对使用银杏叶提取物生产保健食品的企业开展了执法检查，并向社会通告了部分保健食品企业存在的购进使用不合格银杏叶提取物等违法违规行为。为切实做好违法行为查处工作，现提出如下意见。

1.使用的银杏叶提取物生产工艺和质量标准与注册申报资料中标明的提取物生产工艺和质量标准不符的，依据《国务院关于加强食品等产品安全监督管理的特别规定》，按“不按照法定条件、要求从事生产经营活动”处置。

2.注册申报资料中银杏叶提取物生产工艺和质量标准不明确的，应责令企业明确银杏叶提取物原料生产工艺和质量标准，严把供应商审核和进货查验关，按照游离槲皮素、山柰素、异鼠李素检查项补充检验方法（批准件编号：2015001）检验合格的方可投料或放行，并将检验相关文件资料存档备查。

3.存在未建立或未遵守查验记录制度、进货时未查验许可证和相关证明文件等违法行为的，按照新《食品安全法》的相关规定责令企业整改并依法处罚。企业未主动报告原料自检不合格情况存在安全隐患的，或明知银杏叶提取物为改变工艺或者掺杂掺假生产仍然购买使用的，应当依法从严从重处罚。

4.具有伪造记录、伪造留样、销毁或者隐匿有关证据材料等拒绝、阻挠、干涉监督检查严重情节的，按照新《食品安全法》的相关规定，吊销生产许可证。

5.企业主动报告产品自检不合格情况、主动召回问题产品、召回工作彻底的，可从轻或者减轻行政处罚。企业未主动向食品药品监管部门报告产品自检不合格存在的安全隐患情况、未主动召回产品的，依据《国务院关于加强食品等产品安全监督管理的特别规定》处罚。在食品药品监管部门责令召回或者停止经营后，仍拒不召回或者停止经营的，依据新《食品安全法》进行处罚。

各地食品药品监管部门要在查明事实的基础上，依法严肃处理；构成犯罪的，移送公安机关追究刑事责任。

《保健食品注册与备案管理办法》解读

新《食品安全法》明确规定对特殊食品实行严格监督管理。为贯彻落实法律对保健食品市场准入监管工作提出的要求，规范统一保健食品注册备案管理工作，国家食品药品监督管理总局（简称总局）在公开征求和广泛听取食品生产经营企业、地方食品药品监督管理部门、相关专家及行业组织等多方面意见的基础上，经多次研讨论证，形成了《保健食品注册与备案管理办法》（以下简称《办法》）。

1.《办法》的立法依据是什么？适用范围和基本原则是什么？

按照《中华人民共和国食品安全法》第74条、75条、76条、77条、78条、82条等相关规定，制定《办法》。《办法》规定，在中华人民共和国境内保健食品的注册与备案及其监督管理适用本办法。保健食品注册与备案工作应当遵循科学、公开、公正、便民、高效的原则。

2.《办法》中保健食品注册与保健食品备案的含义分别是什么？

《办法》规定，保健食品注册，是指食品药品监督管理部门根据注册申请人申请，依照法定程序、条件和要求，对申请注册的保健食品的安全性、保健功能和质量可控性等相关申请材料进行系统评价和审评，并决定是否准予其注册的审批过程。

保健食品备案，是指保健食品生产企业依照法定程序、条件和要求，将表明产品安全性、保健功能和质量可控性的材料提交食品药品监督管理部门进行存档、公开、备查的过程。

3.《办法》对保健食品注册申请受理部门是如何规定的？

国家食品药品监督管理总局行政受理机构（以下简称受理机构）负责受理保健食品注册。国家食品药品监督管理总局保健食品审评机构负责组织保健食品审评，管理审评专家。省、自治区、直辖市食品药品监督管理部门不再受理保健食品注册。正式将省、自治区、直辖市食品药品监督管理部门的保健食品注册初审职能取消，受理、现场核查及复核检验之权均收回总局，今后全国所有注册产品受理都要到行政受理服务中心，受理后3个工作日内即转交审评机构。

4.《办法》对保健食品备案材料接收部门是如何规定的?

国家食品药品监督管理总局行政受理机构负责接收相关进口保健食品备案材料。国家食品药品监督管理总局保健食品审评机构依法承担相关保健食品备案工作。

省、自治区、直辖市食品药品监督管理部门负责接收相关保健食品备案材料。

5.《办法》对各级食品药品监督管理部门的职责是如何划分的?

《办法》规定，国家食品药品监督管理总局负责保健食品注册管理，以及首次进口的属于补充维生素、矿物质等营养物质的保健食品备案管理，并指导监督省、自治区、直辖市食品药品监督管理部门承担的保健食品注册与备案相关工作。

省、自治区、直辖市食品药品监督管理部门负责本行政区域内保健食品备案管理，并配合国家食品药品监督管理总局开展保健食品注册现场核查等工作。

市、县级食品药品监督管理部门负责本行政区域内注册和备案保健食品的监督管理，承担上级食品药品监督管理部门委托的其他工作。

6.《办法》对申请人或备案人、审评机构和行政管理部门的主要职责是如何划分的?

申请人或备案人对申请材料的真实性、完整性、可溯源性负责，对产品的安全性、有效性和质量可控性负责。

审评机构负责组织审评专家对申请材料进行审查，并根据实际需要组织查验机构开展现场核查，组织检验机构开展复核检验，在60日内完成技术审评工作，向国家食品药品监督管理总局提交综合审评结论和建议。

行政管理部门负责保健食品的注册和备案管理。

7.《办法》对保健食品注册和备案监管工作有哪些重要调整?

与以往的注册管理制度相比,《办法》依据新食品安全法，对保健食品实行注册与备案相结合的分类管理制度。

对使用保健食品原料目录以外原料的保健食品和首次进口的保健食品实行注册管理。

对使用的原料已经列入保健食品原料目录的和首次进口的属于补充维生素、矿物质等营养物质的保健食品实行备案管理。首次进口属于补充维生素、矿物质等营养物质的保健食品，其营养物质应当是列入保健食品原料目录的物质。

产品声称的保健功能应当已经列入保健食品功能目录。保健食品原料目录和允许保健食品声称的保健功能目录由国家食品药品监督管理总局会同国务院卫生行政部门、国家中医药管理部门制定、调整和公布，相关配套管理办法另行制定。

简而言之，国产看目录，目录内备案，目录外注册；进口看分类，属于“营养素补充剂（目录内）”备案，其他注册。

8.《办法》规定的注册、备案文号有哪些区别?

《办法》第四十三条规定：国产注册号：国食健注 G + 4 位年代号 + 4 位顺序号；进口注册号：国食健注 J + 4 位年代号 + 4 位顺序号。

《办法》第五十一条规定：国产备案号：食健备 G + 4 位年代号 + 2 位省级行政区域代码 + 6 位顺序编号；进口备案号：食健备 J + 4 位年代号 + 00 + 6 位顺序编号。

注册产品仍由国家食品药品监督管理总局颁发保健食品注册证书，由“国食健字”改为“国食健注”，保健食品注册证书有效期为 5 年。备案产品改由省食品药品监督管理局制作备案凭证，并在其网站上公布，“国食健字”改为“食健备”。

9.《办法》对保健食品的注册程序有哪些重要调整?

《办法》规定，保健食品注册申请由受理机构承担。以受理为注册审批起点，将生产现场核查和复核检验调整至技术审评环节，并对审评内容、审评程序、总体时限和判定依据等提出具体严格的限定和要求。

技术审评按申请材料核查、现场核查、动态抽样、复核检验等程序开展，任一环节不符合要求，审评机构均可终止审评，提出不予注册建议。这一评审机制的提出，节省了评审时间，提高了评审效率。

10.《办法》对保健食品技术审评补充资料的要求有什么调整?

审评机构认为需要注册申请人补正材料的，应当一次告知需要补正的全部内容。注册申请人应当在 3 个月内按照补正通知的要求一次提供补充材料。注册申请人逾期未提交补充材料或者未完成补正的，不足以证明产品安全性、保健功能和质量可控性的，审评机构应当终止审评，提出不予注册的建议。部分评价实验，如标志性成分稳定性的测定等在 3 个月的补正时间内无法完成，必需在申请注册前准备完成，因此这一调整将提高企业对前期研究及申报资料的准确性、完整性的重视。

11.《办法》对保健食品技术转让程序有什么调整?

保健食品注册人转让技术的，受让方应当在转让方的指导下重新提出产品注册申请。产品技术要求等应当与原申请材料一致。审评机构按照相关规定简化审评程序。

12.《办法》规定的保健食品备案管理重点内容有哪些?

食品药品监督管理部门收到备案材料后，备案材料符合要求的，当场备案；不符合要求的，应当一次告知备案人补正相关材料。

食品药品监督管理部门应当完成备案信息的存档备查工作，并发放备案号。

对备案的保健食品，食品药品监督管理部门应当按照相关要求的格式制作备案凭证，并将备案信息表中登载的信息在其网站上予以公布。

获得注册的保健食品原料已经列入保健食品原料目录，并符合相关技术要求的，保健食品注册人申请变更注册，或者期满申请延续注册的，应当按照备案程序办理。

13.《办法》对备案产品的功能宣称有哪些要求?

《办法》规定备案的产品配方、原辅料名称及用量、功效、生产工艺等应当符合法律、法规、规章、强制性标准以及保健食品原料目录技术要求的规定。备案的保健食品必须严格按照保健食品原料目录载明的要求组织生产，不能随意选择功能。功能宣称与原料目录不一致的产品，仍可能面临需要注册。比如钙，原料目录中对应的功能为“补充钙”，就不能备案“增加骨密度”。如果想宣称“增加骨密度”，则要提交注册申请。

14.《办法》规定的注册申请人的资质要求主要有哪些?

国产保健食品注册申请人应当是在中国境内登记的法人或者其他组织，与之前相比，删除了“公民”，表明个人不能再申报保健食品。进口保健食品注册申请人应当是上市保健食品的境外生产厂商。申请进口保健食品注册的，应当由其常驻中国代表机构或者由其委托中国境内的代理机构办理。

保健食品注册证书及其附件所载明内容变更的，应当由保健食品注册人申请变更。注册人名称变更的，应当由变更后的注册申请人申请变更。

保健食品注册证书有效期届满申请延续的，应当是已经生产销售的保健食品，并提供人群食用情况分析报告以及生产质量管理体系运行情况自查报告等。

15.《办法》对备案人的资质要求主要有哪些?

国产保健食品的备案人应当是保健食品生产企业，原注册人可以作为备案人。这表明拥有保健食品 GMP 资质的企业才能备案，对于销售、研发类企业想拥有“蓝帽子”（我国保健食品专用标志，为天蓝色，呈帽形，业界俗称“蓝帽子”），还是不得不申报注册。进口保健食品的备案人，应当是上市保健食品境外生产厂商。

16.《办法》实施的重点配套工作是什么?

依据新《食品安全法》，保健食品原料目录和允许保健食品声称的保健功能目录是实行保健食品注册和备案管理的必要条件和前提基础。当前，国家食品药品监督管理总局已发布《保健食品原料目录（一）》。其他的原料目录也在会同国务院卫生行政部门、国家中医药管理部门制定中，力争早日出台。

17.《办法》对注册的现场核查有哪些调整?

《办法》规定“生产现场核查和复核检验调整至技术审评环节”，“审评机构根据实际需要统一组织现场核查，组织检验机构开展复核检验”。以前由省食品药品监督管理局负责的现场核查和复核检验将转由国家食品药品监督管理总局审核查验机构统一负责。

18.《办法》对注册产品复审程序有哪些调整?

《办法》规定审评机构提出不予注册建议的，应当同时向注册申请人发出拟不予注册的书面通知。注册申请人对通知有异议的，应当自收到通知之日起 20 个工作日内向审评机构提出书面复审申请并说明复审理由。复审的内容仅限于原申请事项及申请材料。

将复审程序从以前法规规定的注册决定作出后调整为审评结论作出后、注册决定作出前，突出审评机构要加强与注册申请人之间的沟通。

19.《办法》实施后对现有保健食品注册申请和批准注册产品将采取哪些措施?

《办法》实施后，总局将按照新的规定开展审评工作。对现有已批准注册的保健食品，采取分期分批、依法合规、稳步推进的原则开展清理换证工作。通过清理换证，使新老产品审评标准保持一致。一些未投入生产的注册产品势必将被清理出保健食品行业的竞争。

20.《办法》中关于保健食品命名的规定怎么执行?

《办法》对保健食品命名作出了明确规定，并在广泛征求企业、行业组织、基层监管部门以及专家意见的基础上形成了《保健食品命名规定和命名指南》，用于规范保健食品的命名以及技术审评等监管工作。2015 年 8 月 25 日国家食品药品监督管理总局发布了《关于进一步规范保健食品命名有关事项的公告》，明确总局不再批准以含有表述产品功能相关文字命名的保健食品，并要求已批准注册的相关产品按照有关规定变更产品名称。考虑到已上市保健食品名称市场认知度问题，总局还发布了《关于保健食品命名有关事项的公告》，给生产企业一定的过渡期，允许标注新产品名称的同时标注原产品名称。

参考文献

[1] 丁晓雯，周才琼.保健食品原理[M].重庆：西南大学出版社，2008.

[2] 袁雪.保健食品分类监管法律制度研究[D].重庆：西南大学，2015.

[3] 林飞.我国保健食品的发展和安全性现状[A].食品、饲料安全与风险评估学术会议论文集[C].江西：中国毒理学会，2010：78-83.

[4] 李波.关于完善保健食品监管制度的若干思考[N].中国食品安全报，2016，2(25)：B02.

[5] 陈敬.保健食品监管法律法规[M].北京：中国医药科技出版社，2011.

[6] 国家食品药品监督管理总局法制司.食品药品监管法律制度汇编(2014年)[M].北京：中国医药科技出版社，2015.

[7] 田惠光，张兵.保健食品实用指南[M].北京：化学工业出版社.2002.

[8] 法律出版社法规中心.中华人民共和国食品药品法典：应用版[M].北京：法律出版社.2011.

[9] 林飞，史清水，胡宇驰.保健食品安全性实验方法实用操作手册[M].石家庄：河北科学技术出版社，2015.

[10] 中国保健协会，中国社会科学院食品药品产业发展与监管中心.保健蓝皮书：中国保健食品产业发展报告No.1(2012版)[M].北京：社会科学文献出版社，2012.